高校核心课程学习指导丛书

无穷级数导引

INTRODUCTION TO INFINITE SERIES

金玉明　毛瑞庭／编著

中国科学技术大学出版社

内 容 简 介

本书内容包括无穷级数概述、初等函数的无穷级数展开、利用已知因式求无穷级数之和、欧拉变换、傅里叶级数以及超几何级数、斐波那契数列等，适合高中以上水平读者阅读.

图书在版编目(CIP)数据

无穷级数导引/金玉明，毛瑞庭编著.—合肥：中国科学技术大学出版社，2023.5
（高校核心课程学习指导丛书）
ISBN 978-7-312-05666-6

Ⅰ.无… Ⅱ.① 金…② 毛… Ⅲ.无穷级数—高等学校—教学参考资料 Ⅳ.O173

中国国家版本馆 CIP 数据核字(2023)第 073907 号

无穷级数导引
WUQIONG JISHU DAOYIN

出版 中国科学技术大学出版社
安徽省合肥市金寨路 96 号，230026
http://press.ustc.edu.cn
https://zgkxjsdxcbs.tmall.com
印刷 安徽省瑞隆印务有限公司
发行 中国科学技术大学出版社
开本 710 mm×1000 mm 1/16
印张 9
字数 138 千
版次 2023 年 5 月第 1 版
印次 2023 年 5 月第 1 次印刷
定价 39.00 元

前　言

无穷级数是数学分析的重要内容之一，在大学微积分或高等数学课程中都会涉及.本书无意取代它们，只想从另外一个角度来叙述无穷级数，并着眼于应用.

本书内容包括概述、初等函数的无穷级数展开、利用已知因式求无穷级数之和、欧拉变换、傅里叶级数，以及超几何级数、斐波那契数列等6章.

无穷级数的主要议题是求它的和数.无穷级数可以有千千万万个，但并非每个无穷级数都能求得和数.这就是无穷级数的收敛与发散问题.所谓收敛，是指这个级数之和会收缩到某个有限的确定值；而发散是指该级数之和可能是无穷大，也可能发散到0，那就没有求和的事情了.

本书很大一部分内容是讲述对那些能收敛的无穷级数进行求和，对那些能展开成无穷级数的函数展开成无穷级数.即使是能展开成无穷级数的函数，对它的变量也会有一定的限制.我们称这个限制为收敛域，或收敛范围.在复数的情况下，就叫它收敛半径.

本书试图用通俗易懂的语言、详细推演的公式、平实易学的方法来叙述无穷级数的内容.我们期待读者：看了就明白，学了就会用.本书适合高中以上水平的读者阅读.

若本书对读者有所裨益，作者会感到莫大的欣慰.书中可能会有不足和错误之处，诚望读者批评指正.

作　者

2022年12月于合肥

目　　录

第1章　概　　述

无穷级数是数学分析的重要内容之一.无穷级数是求无穷个离散的数值或函数之和,而积分则是求连续函数在某个积分区间内的和.本质上讲,两者有共同之处,而且连续和离散之间有时是可以相互转化的.

无穷级数有数项级数和函数项级数之分.所谓数项级数,是指级数的每一项都是一个纯数值;而函数项级数的每一项都是一个函数.当然,如果在函数项级数中,它的变量用一个确定的数值代替,那么这个函数项级数也就变成数项级数了.

1.1　无穷级数的定义

设给定一个无穷序列

$$\{a_n\} = a_1, a_2, a_3, a_4, a_5, \cdots, a_n, \cdots \tag{1.1}$$

把它们每一个数加起来,即

$$a_1 + a_2 + a_3 + a_4 + a_5 + \cdots + a_n + \cdots \tag{1.2}$$

叫作无穷级数.其中的每一个数叫作项.因此无穷级数有无穷多个项.我们可以把(1.2)式写成如下总和的形式:

$$\sum_{n=1}^{\infty} a_n \tag{1.3}$$

其中 n 为自然数,从1到无穷大.

如果我们只求级数前 n 项的和,那么

$$A_n = a_1 + a_2 + a_3 + a_4 + a_5 + \cdots + a_n$$

就是无穷级数的部分和,它们可以是

$$A_1 = a_1$$

$$A_2 = a_1 + a_2$$

$$A_3 = a_1 + a_2 + a_3$$

$$\cdots$$

$$A_n = a_1 + a_2 + a_3 + \cdots + a_n$$

或写成

$$A_n = \sum_{k=1}^{n} a_k \tag{1.4}$$

若把第 $n+1$ 项到无穷项的数加起来的和记为 R_n,则

$$R_n = \sum_{k=n+1}^{\infty} a_k = a_{n+1} + a_{n+2} + a_{n+3} + \cdots \tag{1.5}$$

称为余项和,简称余和.

设无穷级数(1.2)的总和为 S,则

$$S = A_n + R_n = \sum_{k=1}^{n} a_k + \sum_{k=n+1}^{\infty} a_k \tag{1.6}$$

若当 $n \to \infty$ 时, $\sum\limits_{k=n+1}^{\infty} a_k \to 0$, 则级数(1.6)是收敛的,否则就是发散的.

因此,一个收敛的无穷级数的和可写成

$$S = a_1 + a_2 + a_3 + a_4 + a_5 + \cdots + a_n + \cdots = \sum_{n=1}^{\infty} a_n \tag{1.7}$$

1.2 无穷级数的基本性质

(1) 若无穷级数

$$a_1 + a_2 + a_3 + a_4 + a_5 + \cdots + a_n + \cdots$$

收敛,并有和数 S,则每一项乘一个常数 c,即

$$ca_1 + ca_2 + ca_3 + \cdots + ca_n + \cdots$$

仍然收敛,并有和数 cS.

(2) 两个收敛级数逐项相加或相减,仍为收敛级数.即若

$$a_1 + a_2 + a_3 + \cdots + a_n + \cdots = S_a$$

$$b_1 + b_2 + b_3 + \cdots + b_n + \cdots = S_b$$

皆为收敛级数,则

$$(a_1 \pm b_1) + (a_2 \pm b_2) + (a_3 \pm b_3) + \cdots + (a_n \pm b_n) + \cdots = S_a \pm S_b$$

仍为收敛级数.

(3) 任何一个级数加上有限项,或减少有限项,不影响级数的收敛性或发散性.

(4) 任何一个收敛的无穷级数,当 $n \to \infty$ 时,$a_n \to 0$.

这是级数收敛的必要条件,但不是充分条件.有的级数,虽然它的一般项,当 $n \to \infty$ 时,$a_n \to 0$,但仍然可能是发散的,例如调和级数

$$1 + \frac{1}{2} + \frac{1}{3} + \frac{1}{4} + \frac{1}{5} + \cdots + \frac{1}{n} + \cdots = \sum_{n=1}^{\infty} \frac{1}{n} \tag{1.8}$$

当 $n \to \infty$ 时,$a_n = \frac{1}{n} \to 0$,但总和是趋向无穷大的.不难证明,(1.8)式的总和为无穷大.

我们依次把(1.8)式的一项、两项、四项、八项……放在一起,即

$$1 + \left(\frac{1}{2}\right) + \left(\frac{1}{3} + \frac{1}{4}\right) + \left(\frac{1}{5} + \frac{1}{6} + \frac{1}{7} + \frac{1}{8}\right) + \left(\frac{1}{9} + \frac{1}{10} + \cdots + \frac{1}{16}\right) + \cdots \tag{1.9}$$

如此,第 k 个括号内,有 2^{k-1} 项,若把括号内的所有项都换成最末一项,即括号中的最小项,就得到一个级数

$$1 + \frac{1}{2} + \frac{1}{4} \times 2 + \frac{1}{8} \times 4 + \frac{1}{16} \times 8 + \cdots$$

$$= 1 + \frac{1}{2} + \frac{1}{2} + \frac{1}{2} + \frac{1}{2} + \cdots \tag{1.10}$$

它的前 n 项之和为 $1 + \frac{1}{2}(n-1)$,当 $n \to \infty$ 时,它的和也趋向无穷大.

因为当 n 足够大时,(1.8)式中的值比(1.10)式中的值更大.所以

调和级数(1.8)是发散的.

1.3 无穷级数收敛或发散的判别法

1. 正项级数收敛性的判别法

所谓正项级数是指该级数的每一项都是非负的,即

$$u_1, u_2, u_3, \cdots, u_n, \cdots \geqslant 0$$

正项级数收敛的一个必要且充分的条件是当 n 为任何值时,它的前 n 项之和保持小于某一个与 n 无关的常数 A,即

$$S_n < A$$

2. 比较法

若正项级数

$$u_1 + u_2 + u_3 + \cdots + u_n + \cdots \tag{1.11}$$

中,从某一项起,以后每一项都不大于一个收敛级数

$$v_1 + v_2 + v_3 + \cdots + v_n + \cdots \tag{1.12}$$

的相应项,则级数(1.11)也是收敛级数.

反之,若级数(1.12)是个发散级数,而级数(1.11)的每一项都不小于发散的级数(1.12)的相应项,那么,级数(1.11)也是发散级数.

3. 柯西判别法

若正项级数(1.11)中,从某一项起,它的通项 u_n 满足

$$\sqrt[n]{u_n} \leqslant q < 1$$

则级数(1.11)是收敛的,其中 q 不依赖于 n.

反之,若

$$\sqrt[n]{u_n} \geqslant 1$$

则级数(1.11)是发散的.

4. 达朗贝尔判别法

若级数的相邻两项之比小于1,即

$$\frac{u_n}{u_{n-1}} \leqslant q < 1$$

则级数收敛,其中 q 不依赖于 n.

反之,若级数的相邻两项之比不小于1,即

$$\frac{u_n}{u_{n-1}} \geqslant 1$$

则该级数发散.

这一判别法有时不适用,如对上面所述的调和级数.

5. 级数的绝对收敛

若级数

$$u_1 + u_2 + u_3 + \cdots + u_n + \cdots \tag{1.13}$$

中的各项的绝对值组成的级数

$$|u_1| + |u_2| + |u_3| + \cdots + |u_n| + \cdots \tag{1.14}$$

是收敛的,则级数(1.13)亦收敛.

这样的级数叫作绝对收敛级数.

关于无穷级数收敛的判别法有很多,有兴趣的读者可参看高等数学教科书,本书不在此赘述了.

1.4 无穷级数乘法

设定两个收敛的无穷级数

$$A = a_1 + a_2 + a_3 + \cdots + a_n + \cdots = \sum_{n=1}^{\infty} a_n \tag{1.15}$$

$$B = b_1 + b_2 + b_3 + \cdots + b_n + \cdots = \sum_{n=1}^{\infty} b_n \tag{1.16}$$

我们考虑这两个级数的所有项,两两相乘的乘积 $a_i b_k$,可做出如下的无穷矩阵:

$$\begin{array}{llllll}
a_1b_1 & a_2b_1 & a_3b_1 & \cdots & a_ib_1 & \cdots \\
a_1b_2 & a_2b_2 & a_3b_2 & \cdots & a_ib_2 & \cdots \\
a_1b_3 & a_2b_3 & a_3b_3 & \cdots & a_ib_3 & \cdots \\
\cdots & & & & & \\
a_1b_k & a_2b_k & a_3b_k & \cdots & a_ib_k & \cdots \\
\cdots & & & & &
\end{array}$$

这些乘积可以排列成简单序列的形状,例如可排列成对角线形状(Ⅰ)或正方形状(Ⅱ)写出乘积:

$$\begin{array}{llll}
a_1b_1 & a_2b_1 & a_3b_1 & \cdots \\
a_1b_2 & a_2b_2 & a_3b_2 & \cdots \\
a_1b_3 & a_2b_3 & a_3b_3 & \cdots \\
\cdots & \cdots & \cdots & \cdots
\end{array} \qquad (\text{Ⅰ})$$

$$\begin{array}{llll}
a_1b_1 & a_2b_1 & a_3b_1 & \cdots \\
a_1b_2 & a_2b_2 & a_3b_2 & \cdots \\
a_1b_3 & a_2b_3 & a_3b_3 & \cdots \\
\cdots & \cdots & \cdots & \cdots
\end{array} \qquad (\text{Ⅱ})$$

从(Ⅰ)可引出以下序列:

$$(a_1b_1);(a_1b_2+a_2b_1);(a_1b_3+a_2b_2+a_3b_1);\cdots$$

从(Ⅱ)可引出以下序列:

$$(a_1b_1);(a_1b_2+a_2b_2+a_2b_1);$$
$$(a_1b_3+a_2b_3+a_3b_3+a_3b_2+a_3b_1);\cdots$$

因此,(1.15)、(1.16)两式相乘的乘积 AB 为

$$AB=(a_1b_1)+(a_1b_2+a_2b_1)+(a_1b_3+a_2b_2+a_3b_1)+\cdots \qquad (1.17)$$

或

$$AB = (a_1 b_1) + (a_1 b_2 + a_2 b_2 + a_2 b_1) + (a_1 b_3 + a_2 b_3 + a_3 b_3 + a_3 b_2 + a_3 b_1) + \cdots \quad (1.18)$$

如果 A 和 B 都是绝对收敛级数,那么(1.17)、(1.18)两个由乘积组成的级数也收敛,并且其乘积为

$$AB = \left(\sum_{n=1}^{\infty} a_n\right) \cdot \left(\sum_{n=1}^{\infty} b_n\right) \quad (1.19)$$

1.5 无穷乘积

1.5.1 无穷乘积的定义

如果

$$p_1, p_2, p_3, \cdots, p_n, \cdots \quad (1.20)$$

是一个给定的无穷序列,则

$$p_1 \cdot p_2 \cdot p_3 \cdot \cdots \cdot p_n \cdot \cdots = \prod_{n=1}^{\infty} p_n \quad (1.21)$$

称无穷乘积.

我们把序列(1.20)中的数依次连乘起来,组成部分乘积:

$$P_1 = p_1$$

$$P_2 = p_1 \cdot p_2$$

$$P_3 = p_1 \cdot p_2 \cdot p_3$$

$$\cdots$$

$$P_n = p_1 \cdot p_2 \cdot p_3 \cdot \cdots \cdot p_n$$

于是

$$P_n = \prod_{k=1}^{n} p_k$$

称为部分乘积.

当 $n\to\infty$ 时,P_n 趋于一个非 0 的极限值 P,即

$$\lim_{n\to\infty} P_n = P$$

那么,这个极限称为无穷乘积(1.21)的值,写成

$$P = p_1 \cdot p_2 \cdot p_3 \cdot \cdots \cdot p_n \cdot \cdots = \prod_{n=1}^{\infty} p_n$$

若无穷乘积具有不为 0 的有限值 P,则称这个无穷乘积是收敛的,这个收敛条件要求 $p_n \neq 0$. 不收敛的无穷乘积是发散的,而 $\lim\limits_{n\to\infty} P_n = 0$,则称该无穷乘积发散于 0.

1.5.2 无穷乘积的收敛条件

(1) 如果乘积

$$\prod_{n=1}^{\infty} (1 + |a_n|)$$

收敛,则乘积

$$\prod_{n=1}^{\infty} (1 + a_n)$$

为绝对收敛.

(2) 如果 $a_n \geqslant 0$,无穷乘积

$$\prod_{n=1}^{\infty} (1 + a_n)$$

与无穷级数

$$\sum_{n=1}^{\infty} a_n$$

同收敛或同发散.

(3) 如果 $0 \leqslant b_n < 1$,无穷乘积

$$\prod_{n=1}^{\infty} (1 - b_n)$$

与无穷级数

$$\sum_{n=1}^{\infty} b_n$$

同收敛或同发散.

1.5.3　无穷乘积举例

例 1.1　计算无穷乘积 $\prod_{n=2}^{\infty}\left(1-\frac{1}{n^2}\right)$.

解

$$\begin{aligned}
\prod_{k=2}^{n}\left(1-\frac{1}{k^2}\right) &= \left(1-\frac{1}{2^2}\right)\left(1-\frac{1}{3^2}\right)\cdot\cdots\cdot\left[1-\frac{1}{(n-1)^2}\right]\left(1-\frac{1}{n^2}\right)\\
&= \left(1-\frac{1}{2}\right)\left(1+\frac{1}{2}\right)\left(1-\frac{1}{3}\right)\left(1+\frac{1}{3}\right)\cdot\cdots\\
&\quad\cdot\left(1-\frac{1}{n-1}\right)\left(1+\frac{1}{n-1}\right)\left(1-\frac{1}{n}\right)\left(1+\frac{1}{n}\right)\\
&= \frac{1}{2}\cdot\frac{3}{2}\cdot\frac{2}{3}\cdot\frac{4}{3}\cdot\cdots\cdot\frac{n-2}{n-1}\cdot\frac{n}{n-1}\cdot\frac{n-1}{n}\cdot\frac{n+1}{n}\\
&= \frac{1}{2}\cdot\frac{n+1}{n} = \frac{n+1}{2n}
\end{aligned}$$

当 $n\to\infty$ 时,$\frac{n+1}{2n}=\frac{1}{2}$,因此

$$\prod_{n=2}^{\infty}\left(1-\frac{1}{n^2}\right)=\frac{1}{2}$$

例 1.2　计算无穷乘积 $\prod_{n=2}^{\infty}\frac{n^3-1}{n^3+1}$.

解　把乘数分解:

$$\begin{aligned}
p_n = \frac{n^3-1}{n^3+1} &= \frac{(n-1)(n^2+n+1)}{\left(n-1+\frac{1}{n}\right)(n^2+n)}\\
&= \left(\frac{n^2-n}{n^2-n+1}\right)\left(\frac{n^2+n+1}{n^2+n}\right)
\end{aligned}$$

它的部分乘积

$$\prod_{k=2}^{n}\frac{k^3-1}{k^3+1}=\prod_{k=2}^{n}\left(\frac{k^2-k}{k^2-k+1}\right)\left(\frac{k^2+k+1}{k^2+k}\right)$$
$$=\left(\frac{2}{3}\cdot\frac{6}{7}\cdot\frac{12}{13}\cdot\frac{20}{21}\cdot\frac{30}{31}\cdot\frac{42}{43}\cdot\frac{56}{57}\cdot\cdots\cdot\frac{n^2-n}{n^2-n+1}\right)$$
$$\cdot\left(\frac{7}{6}\cdot\frac{13}{12}\cdot\frac{21}{20}\cdot\frac{31}{30}\cdot\frac{43}{42}\cdot\frac{57}{56}\cdot\cdots\cdot\frac{n^2+n+1}{n^2+n}\right)$$
$$=\frac{2}{3}\cdot\frac{n^2-n}{n^2-n+1}\cdot\frac{n^2+n+1}{n^2+n}$$

当 $n\to\infty$ 时，$\frac{n^2-n}{n^2-n+1}=1$，$\frac{n^2+n+1}{n^2+n}=1$，故

$$\prod_{n=2}^{\infty}\frac{n^3-1}{n^3+1}=\frac{2}{3}$$

例 1.3 计算无穷乘积 $\prod_{n=2}^{\infty}\left[1-\frac{2}{n(n+1)}\right]$.

解 把乘数 $p_n=1-\frac{2}{n(n+1)}$分解：

$$1-\frac{2}{n(n+1)}=\frac{n^2+n-2}{n^2+n}=\frac{(n+2)(n-1)}{n(n+1)}=\left(\frac{n-1}{n+1}\right)\left(\frac{n+2}{n}\right)$$

则部分乘积

$$\prod_{k=2}^{n}\left[1-\frac{2}{k(k+1)}\right]=\prod_{k=2}^{n}\left(\frac{k-1}{k+1}\right)\left(\frac{k+2}{k}\right)$$
$$=\left(\frac{1}{3}\cdot\frac{2}{4}\cdot\frac{3}{5}\cdot\frac{4}{6}\cdot\frac{5}{7}\cdot\frac{6}{8}\cdot\frac{7}{9}\cdot\cdots\cdot\frac{n-1}{n+1}\right)$$
$$\cdot\left(\frac{4}{2}\cdot\frac{5}{3}\cdot\frac{6}{4}\cdot\frac{7}{5}\cdot\frac{8}{6}\cdot\frac{9}{7}\cdot\cdots\cdot\frac{n+2}{n}\right)$$
$$=\frac{1}{3}\cdot\frac{n-1}{n+1}\cdot\frac{n+2}{n}$$

当 $n\to\infty$ 时，$\frac{n-1}{n+1}=1$，$\frac{n+2}{n}=1$，故

$$\prod_{n=2}^{\infty}\left[1-\frac{2}{n(n+1)}\right]=\frac{1}{3}$$

例 1.4 证明 $\prod_{n=1}^{\infty}(1+x^{2^{n-1}})=\frac{1}{1-x}(|x|<1)$.

证明 令乘数 $1+x^{2^{n-1}}=p_n$，则

$$P_n = (1+x)(1+x^2)(1+x^4)(1+x^8)\cdots(1+x^{2^{n-1}})$$

等式两边乘上$\frac{1-x}{1-x}$,得

$$\begin{aligned}P_n &= \frac{1-x}{1-x}(1+x)(1+x^2)(1+x^4)(1+x^8)\cdots(1+x^{2^{n-1}})\\ &= \frac{1}{1-x}(1-x^2)(1+x^2)(1+x^4)(1+x^8)\cdots(1+x^{2^{n-1}})\\ &= \frac{1}{1-x}(1-x^4)(1+x^4)(1+x^8)\cdots(1+x^{2^{n-1}})\\ &= \frac{1}{1-x}(1-x^8)(1+x^8)\cdots(1+x^{2^{n-1}})\\ &= \frac{1-x^{2^n}}{1-x}\end{aligned}$$

所以

$$\lim_{n\to\infty} P_n = \frac{1-0}{1-x} = \frac{1}{1-x} \quad (|x|<1)$$

故

$$\prod_{n=1}^{\infty}(1+x^{2^{n-1}}) = \frac{1}{1-x} \quad (|x|<1)$$

例 1.5 计算无穷乘积 $\prod_{n=1}^{\infty}\cos\frac{x}{2^n}$.

解 把乘数 $p_n = \cos\frac{x}{2^n}$展开:

$$P_n = \prod_{k=1}^{n}\cos\frac{x}{2^k} = \cos\frac{x}{2}\cdot\cos\frac{x}{4}\cdot\cos\frac{x}{8}\cdot\cos\frac{x}{16}\cdot\cdots\cdot\cos\frac{x}{2^n}$$

因为

$$\sin x = 2\sin\frac{x}{2}\cdot\cos\frac{x}{2}, \quad \sin\frac{x}{2} = 2\sin\frac{x}{4}\cdot\cos\frac{x}{4}, \quad \cdots$$

所以

$$\cos\frac{x}{2} = \frac{\sin x}{2\sin\frac{x}{2}}, \quad \cos\frac{x}{4} = \frac{\sin\frac{x}{2}}{2\sin\frac{x}{4}}, \quad \cdots$$

把它们代入无穷乘积中,得到部分乘积

$$\prod_{k=1}^{n}\cos\frac{x}{2^k}=\cos\frac{x}{2}\cdot\cos\frac{x}{4}\cdot\cos\frac{x}{8}\cdot\cos\frac{x}{16}\cdot\cdots\cdot\cos\frac{x}{2^n}$$

$$=\frac{\sin x}{2\sin\frac{x}{2}}\cdot\frac{\sin\frac{x}{2}}{2\sin\frac{x}{4}}\cdot\frac{\sin\frac{x}{4}}{2\sin\frac{x}{8}}\cdot\frac{\sin\frac{x}{8}}{2\sin\frac{x}{16}}\cdot\cdots\cdot\frac{\sin\frac{x}{2^{n-1}}}{2\sin\frac{x}{2^n}}$$

$$=\frac{\sin x}{2^n\sin\frac{x}{2^n}}=\frac{x}{2^n\sin\frac{x}{2^n}}\cdot\frac{\sin x}{x}=\frac{\frac{x}{2^n}}{\sin\frac{x}{2^n}}\cdot\frac{\sin x}{x}$$

当 $n\to\infty$ 时，$\lim\limits_{x\to 0}\dfrac{x}{\sin x}=\lim\limits_{x\to 0}\dfrac{1}{\cos x}=1$，所以 $\lim\limits_{n\to\infty}\dfrac{\frac{x}{2^n}}{\sin\frac{x}{2^n}}=1$，因此

$$\prod_{n=1}^{\infty}\cos\frac{x}{2^n}=\frac{\sin x}{x}$$

在公式

$$\prod_{n=1}^{\infty}\cos\frac{x}{2^n}=\frac{\sin x}{x}$$

中令 $x=\frac{\pi}{2}$，则

$$\prod_{n=1}^{\infty}\cos\frac{\pi}{2^{n+1}}=\frac{\sin\frac{\pi}{2}}{\frac{\pi}{2}}=\frac{2}{\pi}$$

因为

$$\cos\frac{\pi}{4}=\frac{1}{\sqrt{2}},\quad \cos\frac{\pi}{8}=\sqrt{\frac{1}{2}+\frac{1}{2}\cos\frac{\pi}{4}},\quad \cdots$$

那么，就有

$$\frac{2}{\pi}=\sqrt{\frac{1}{2}}\cdot\sqrt{\frac{1}{2}+\frac{1}{2}\sqrt{\frac{1}{2}}}\cdot\sqrt{\frac{1}{2}+\frac{1}{2}\sqrt{\frac{1}{2}+\frac{1}{2}\sqrt{\frac{1}{2}}}}\cdot\cdots$$

这个公式叫作**韦达(Vieta)公式**.

1.6 无穷级数计算举例

例 1.6 证明 $\sum_{n=0}^{\infty}\left(\frac{1}{2}\right)^n = \lim_{n\to\infty}\left(2-\frac{1}{2^n}\right) = 2.$

证明 令

$$S_n = \sum_{k=0}^{n}\left(\frac{1}{2}\right)^k = 1+\frac{1}{2}+\frac{1}{4}+\frac{1}{8}+\frac{1}{16}+\frac{1}{32}+\cdots+\left(\frac{1}{2}\right)^n$$

则

$$S_0 = 1 = 2-1$$

$$S_1 = 1+\frac{1}{2} = 2-\frac{1}{2}$$

$$S_2 = 1+\frac{1}{2}+\frac{1}{4} = \frac{4+2+1}{4} = \frac{7}{4} = 2-\frac{1}{4}$$

$$S_3 = 1+\frac{1}{2}+\frac{1}{4}+\frac{1}{8} = \frac{8+4+2+1}{8} = \frac{15}{8} = 2-\frac{1}{8}$$

$$\cdots$$

$$S_n = 2-\frac{1}{2^n}$$

因此,当 $n\to\infty$ 时,得到

$$\sum_{n=0}^{\infty}\left(\frac{1}{2}\right)^n = \lim_{n\to\infty}\left(2-\frac{1}{2^n}\right) = 2$$

由此可推得

$$\sum_{n=1}^{\infty}\frac{1}{2^n} = 1$$

例 1.7 证明 $\sum_{n=1}^{\infty}\frac{1}{n(n+1)} = 1.$

证明

$$\sum_{n=1}^{\infty}\frac{1}{n(n+1)} = \sum_{n=1}^{\infty}\left(\frac{1}{n}-\frac{1}{n+1}\right)$$

$$= \left(1 - \frac{1}{2}\right) + \left(\frac{1}{2} - \frac{1}{3}\right) + \left(\frac{1}{3} - \frac{1}{4}\right) + \left(\frac{1}{4} - \frac{1}{5}\right) + \left(\frac{1}{5} - \frac{1}{6}\right)$$

$$+ \left(\frac{1}{6} - \frac{1}{7}\right) + \left(\frac{1}{7} - \frac{1}{8}\right) + \cdots$$

$$= 1$$

设几何级数为

$$a + ar + ar^2 + ar^3 + ar^4 + ar^5 + \cdots + ar^n \quad (a \neq 0)$$

其中 a 称为首项,$r(r<1)$称为公比.

当有 $n+1$ 项时,它的和是

$$S_n = a + ar + ar^2 + ar^3 + ar^4 + ar^5 + \cdots + ar^n = \frac{a - ar^n}{1 - r}$$

当 $n \to \infty$ 时,这个公式仍适用,只是 $r^n \to 0$. 因此

$$S = \lim_{n \to \infty} \frac{a - ar^n}{1 - r} = \frac{a - 0}{1 - r} = \frac{a}{1 - r}$$

例 1.8 求 $\sum\limits_{n=1}^{\infty} \frac{1}{3^n}$.

解 把 $\sum\limits_{n=1}^{\infty} \frac{1}{3^n}$ 展开,得

$$\frac{1}{3} + \frac{1}{3^2} + \frac{1}{3^3} + \frac{1}{3^4} + \frac{1}{3^5} + \cdots$$

它是一个无穷项的几何级数. 这里,首项为 $a = \frac{1}{3}$,公比是$\frac{1}{3}$,所以

$$S = \sum_{n=1}^{\infty} \frac{1}{3^n} = \lim_{n \to \infty} \frac{\frac{1}{3} - \frac{1}{3}\left(\frac{1}{3}\right)^n}{1 - \frac{1}{3}} = \frac{\frac{1}{3} - 0}{\frac{2}{3}} = \frac{1}{2}$$

利用例 1.8 的结果,当 $a = \frac{1}{4}, r = \frac{1}{4}$时,有

$$\sum_{n=1}^{\infty} \frac{1}{4^n} = \frac{\frac{1}{4} - 0}{1 - \frac{1}{4}} = \frac{1}{3}$$

当 $a=\frac{1}{5}, r=\frac{1}{5}$时，有

$$\sum_{n=1}^{\infty}\frac{1}{5^n}=\frac{\frac{1}{5}-0}{1-\frac{1}{5}}=\frac{1}{4}$$

以此类推，得

$$S=\sum_{n=1}^{\infty}\frac{1}{m^n}=\frac{1}{m-1}$$

其中 m 为有限的正整数.

例 1.9 求$\sum_{n=1}^{\infty}\frac{1}{n^n}$.

解 这个级数很难用简单的计算方法得到结果，我们把它展开，得

$$\begin{aligned}\sum_{n=1}^{\infty}\frac{1}{n^n}&=1+\frac{1}{2^2}+\frac{1}{3^3}+\frac{1}{4^4}+\frac{1}{5^5}+\frac{1}{6^6}+\frac{1}{7^7}+\frac{1}{8^8}+\frac{1}{9^9}+\frac{1}{10^{10}}+\cdots\\&=1+\frac{1}{4}+\frac{1}{27}+\frac{1}{256}+\frac{1}{3125}+\frac{1}{46656}+\frac{1}{823543}+\frac{1}{16777216}\\&\quad+\frac{1}{387420489}+\frac{1}{10000000000}+\cdots\end{aligned}$$

我们只能写出部分项，并把分数化成带有小数点的数值后再相加，求得近似值：

$$\begin{aligned}\sum_{n=1}^{\infty}\frac{1}{n^n}&=1+0.25+0.037037037+0.00390625+0.00032\\&\quad+0.0000214335+0.0000012143+0.0000000596\\&\quad+0.0000000026+0.0000000001+\cdots\\&=1.2912859971\\&\approx 1.3\end{aligned}$$

这个无穷级数收敛得很快，第 10 项已经是 10^{-10}了. 因此，这个近似值不会有太大偏差. 因为

$$\sum_{n=1}^{\infty}\frac{1}{n^n}=1+\sum_{n=2}^{\infty}\frac{1}{n^n}<1+\sum_{n=2}^{\infty}\frac{1}{2^n}=1+\frac{1}{2}=1.5$$

这个无穷级数 $\sum_{n=1}^{\infty}\frac{1}{n^n}=\sum_{n=1}^{\infty}n^{-n}$ 可用积分公式$\int_0^1 x^{-x}\mathrm{d}x$ 表示.

将公式

$$x^{-x} = e^{-x\ln x}$$

展开成无穷级数,得

$$x^{-x} = e^{-x\ln x} = 1 - x\ln x + \frac{1}{2!}(x\ln x)^2 - \frac{1}{3!}(x\ln x)^3 + \cdots$$

$$+ (-1)^n \frac{(x\ln x)^n}{n!} + \cdots$$

$$= \sum_{n=0}^{\infty} (-1)^n \frac{(x\ln x)^n}{n!}$$

两边做积分,得

$$\int_0^1 x^{-x}\mathrm{d}x = \int_0^1 \sum_{n=0}^{\infty} (-1)^n \frac{(x\ln x)^n}{n!}\mathrm{d}x = \sum_{n=0}^{\infty} \frac{(-1)^n}{n!}\int_0^1 x^n (\ln x)^n \mathrm{d}x$$

式中的积分部分 $\int_0^1 x^n (\ln x)^n \mathrm{d}x$ 用分部积分法做积分.

分部积分法公式如下:

$$\int_0^1 u\mathrm{d}v = [uv]_0^1 - \int_0^1 v\mathrm{d}u$$

此处,令

$$u = (\ln x)^n, \quad \mathrm{d}v = x^n\mathrm{d}x, \quad \mathrm{d}u = n(\ln x)^{n-1}\frac{\mathrm{d}x}{x}, \quad v = \frac{1}{n+1}x^{n+1}$$

则

$$\int_0^1 x^n(\ln x)^n\mathrm{d}x = \left[(\ln x)^n \frac{1}{n+1}x^{n+1}\right]_0^1 - \int_0^1 \frac{x^{n+1}}{n+1}n(\ln x)^{n-1}\frac{\mathrm{d}x}{x}$$

$$= 0 - \frac{n}{n+1}\int_0^1 x^n (\ln x)^{n-1}\mathrm{d}x$$

继续用分部积分法,得

$$-\frac{n}{n+1}\int_0^1 x^n (\ln x)^{n-1}\mathrm{d}x$$

$$= -\frac{n}{n+1}\left\{\left[(\ln x)^{n-1}\frac{x^{n+1}}{n+1}\right]_0^1 - \frac{n-1}{n+1}\int_0^1 x^n (\ln x)^{n-2}\mathrm{d}x\right\}$$

$$= \frac{n(n-1)}{(n+1)^2}\int_0^1 x^n (\ln x)^{n-2}\mathrm{d}x$$

可以看到,每做一次分部积分,被积函数中的$(\ln x)^n$ 的幂次降 1,当做

了 n 次后，$(\ln x)^0 = 1$，因此积分的最后会出现 $\int_0^1 x^n \cdot 1 \cdot \mathrm{d}x = \frac{1}{n+1}x^{n+1}\Big|_0^1 = \frac{1}{n+1}$.

这样，我们最后得到

$$\int_0^1 x^{-x}\mathrm{d}x = \sum_{n=0}^{\infty}\frac{(-1)^n}{n!}\cdot(-1)^n\frac{n!}{(n+1)^{n+1}}$$

$$= \sum_{n=0}^{\infty}\frac{1}{(n+1)^{n+1}} = \sum_{n=1}^{\infty}\frac{1}{n^n}$$

这就是我们在概述中所说的连续和离散之间有时是可以相互转换的.

例 1.10 证明 $\sum_{n=1}^{\infty}\arctan\frac{1}{2n^2} = \frac{\pi}{4}$.

证明 因为

$$\tan(\alpha - \beta) = \frac{\tan\alpha - \tan\beta}{1 + \tan\alpha\tan\beta}$$

令

$$\tan\alpha = x,\quad \alpha = \arctan x$$

$$\tan\beta = y,\quad \beta = \arctan y$$

则

$$\tan(\alpha - \beta) = \frac{x - y}{1 + xy}$$

及

$$\arctan\frac{x - y}{1 + xy} = \alpha - \beta = \arctan x - \arctan y$$

令 $x = \frac{1}{2n-1}$，$y = \frac{1}{2n+1}$，有

$$\arctan\frac{1}{2n-1} - \arctan\frac{1}{2n+1} = \arctan\frac{\frac{1}{2n-1} - \frac{1}{2n+1}}{1 + \frac{1}{2n-1}\cdot\frac{1}{2n+1}}$$

$$= \arctan\frac{1}{2n^2}$$

于是，该级数的部分和为

$$\begin{aligned}\sum_{k=1}^{n}\arctan\frac{1}{2k^2}&=\sum_{k=1}^{n}\arctan\frac{1}{2k-1}-\sum_{k=1}^{n}\arctan\frac{1}{2k+1}\\&=\left(\arctan 1+\arctan\frac{1}{3}+\arctan\frac{1}{5}+\arctan\frac{1}{7}\right.\\&\quad\left.+\arctan\frac{1}{9}+\cdots+\arctan\frac{1}{2n-1}\right)-\left(\arctan\frac{1}{3}\right.\\&\quad+\arctan\frac{1}{5}+\arctan\frac{1}{7}+\arctan\frac{1}{9}\\&\quad\left.+\cdots+\arctan\frac{1}{2n-1}+\arctan\frac{1}{2n+1}\right)\\&=\arctan 1-\arctan\frac{1}{2n+1}\end{aligned}$$

当 $n\to\infty$ 时，$\arctan\frac{1}{2n+1}=0$，因此

$$\sum_{n=1}^{\infty}\arctan\frac{1}{2n^2}=\arctan 1=\frac{\pi}{4}$$

例 1.11 求 $\sum_{n=0}^{\infty}\sum_{k=0}^{\infty}\frac{k^n}{k!n!}$.

解 这是一个二重级数，可以计算得到

$$\sum_{n=0}^{\infty}\sum_{k=0}^{\infty}\frac{k^n}{k!n!}=\sum_{k=0}^{\infty}\frac{1}{k!}\sum_{n=0}^{\infty}\frac{k^n}{n!}=\sum_{k=0}^{\infty}\frac{1}{k!}\mathrm{e}^k=\sum_{k=0}^{\infty}\frac{\mathrm{e}^k}{k!}=\mathrm{e}^{\mathrm{e}}$$

因为

$$\mathrm{e}^x=\sum_{n=0}^{\infty}\frac{x^n}{n!}\to\sum_{n=0}^{\infty}\frac{k^n}{n!}=\mathrm{e}^k\to\sum_{k=0}^{\infty}\frac{\mathrm{e}^k}{k!}=\mathrm{e}^{\mathrm{e}}$$

这里使用了公式：$\sum_{n=0}^{\infty}\frac{x^n}{n!}=\mathrm{e}^x$.

例 1.12 计算 $\sum_{n=1}^{\infty}\frac{1}{(2n-1)(2n+1)}$.

解

$$\sum_{n=1}^{\infty}\frac{1}{(2n-1)(2n+1)}=\frac{1}{3}+\frac{1}{15}+\frac{1}{35}+\frac{1}{63}+\cdots$$

这个级数要直接求和并非易事，但我们可变换一下，把每一项拆开来计算，得

$$
\begin{aligned}
&\sum_{k=1}^{n}\frac{1}{(2k-1)(2k+1)}\\
&\quad=\sum_{k=1}^{n}\frac{1}{2}\left(\frac{1}{2k-1}-\frac{1}{2k+1}\right)\\
&\quad=\frac{1}{2}\left[\left(1-\frac{1}{3}\right)+\left(\frac{1}{3}-\frac{1}{5}\right)+\cdots+\left(\frac{1}{2n-1}-\frac{1}{2n+1}\right)\right]\\
&\quad=\frac{1}{2}\left(1-\frac{1}{2n+1}\right)
\end{aligned}
$$

当 $n\to\infty$ 时，$\frac{1}{2n+1}=0$，所以

$$
\sum_{n=1}^{\infty}\frac{1}{(2n-1)(2n+1)}=\frac{1}{2}
$$

例 1.13　求 $\ln 2$.

解　在公式

$$
\ln(1+x)=x-\frac{x^2}{2}+\frac{x^3}{3}-\frac{x^4}{4}+\frac{x^5}{5}-\cdots
$$

中，用 $x=1$ 代入，得

$$
\begin{aligned}
\ln 2&=1-\frac{1}{2}+\frac{1}{3}-\frac{1}{4}+\frac{1}{5}-\frac{1}{6}+\cdots\\
&=0.69314718\cdots
\end{aligned}
$$

1.7　沃利斯(Wallis)公式

沃利斯公式：$\frac{\pi}{2}=\lim\limits_{m\to\infty}\frac{1}{2m+1}\left[\frac{(2m)!!}{(2m-1)!!}\right]^2$.

证明如下：

假定 $0<x<\frac{\pi}{2}$，则有下面的不等式成立：

$$
\sin^{2m+1}x<\sin^{2m}x<\sin^{2m-1}x\quad(m\text{ 为正整数})
$$

于是就有

$$\int_0^{\frac{\pi}{2}} \sin^{2m+1} x \mathrm{d}x < \int_0^{\frac{\pi}{2}} \sin^{2m} x \mathrm{d}x < \int_0^{\frac{\pi}{2}} \sin^{2m-1} x \mathrm{d}x$$

其中

$$\int_0^{\frac{\pi}{2}} \sin^{2m} x \mathrm{d}x = \frac{(2m-1)!!}{(2m)!!} \frac{\pi}{2} \tag{1.22}$$

$$\int_0^{\frac{\pi}{2}} \sin^{2m+1} x \mathrm{d}x = \frac{(2m)!!}{(2m+1)!!} \tag{1.23}$$

$$\int_0^{\frac{\pi}{2}} \sin^{2m-1} x \mathrm{d}x = \frac{(2m-2)!!}{(2m-1)!!} \tag{1.24}$$

((1.22)、(1.23)、(1.24)三式的推导在后面介绍.)因此有

$$\frac{(2m)!!}{(2m+1)!!} < \frac{(2m-1)!!}{(2m)!!} \frac{\pi}{2} < \frac{(2m-2)!!}{(2m-1)!!}$$

即

$$\frac{(2m)!!(2m)!!}{(2m+1)!!(2m-1)!!} < \frac{\pi}{2} < \frac{(2m-2)!!(2m)!!}{(2m-1)!!(2m-1)!!}$$

故

$$\frac{1}{(2m+1)} \left[\frac{(2m)!!}{(2m-1)!!}\right]^2 < \frac{\pi}{2} < \frac{1}{2m} \left[\frac{(2m)!!}{(2m-1)!!}\right]^2$$

不等式两边之差为 $\frac{1}{2m(2m+1)}\left[\frac{(2m)!!}{(2m-1)!!}\right]^2 < \frac{1}{2m}\frac{\pi}{2}$.

当 $m \to \infty$ 时,$\frac{1}{2m}\frac{\pi}{2} \to 0$;自然,$\frac{1}{2m(2m+1)}\left[\frac{(2m)!!}{(2m-1)!!}\right]^2 \to 0$.

这就是说,当 $m \to \infty$ 时,两边共同的极限为$\frac{\pi}{2}$,因此有

$$\lim_{m\to\infty} \frac{1}{2m+1} \left[\frac{(2m)!!}{(2m-1)!!}\right]^2 = \frac{\pi}{2}$$

或者

$$\frac{\pi}{2} = \lim_{m\to\infty} \frac{1}{2m+1} \left[\frac{(2m)!!}{(2m-1)!!}\right]^2 \tag{1.25}$$

这就是**沃利斯公式**,它可用于 π 的近似计算.

在此,要补充一些阶乘的知识.

设 n 为自然数,则

$$n! = 1\cdot 2\cdot 3\cdot 4\cdot 5\cdot \cdots \cdot n$$

称为 n 的阶乘,并规定 $0! = 1! = 1$.

又定义

$$(2m+1)!! = 1\cdot 3\cdot 5\cdot \cdots \cdot (2m+1)$$

及

$$(2m)!! = 2\cdot 4\cdot 6\cdot \cdots \cdot (2m)$$

为双阶乘.

双阶乘和单阶乘有下面的关系式:

$$(2m+1)!! = \frac{(2m+1)!}{2^m \cdot m!}$$

$$(2m-1)!! = \frac{(2m)!}{2^m \cdot m!}$$

$$(2m)!! = 2^m \cdot m!$$

m 也是自然数,并规定 $0!! = 1!! = 1$.

补充一下(1.22)、(1.23)、(1.24)三式的推导:

令积分

$$\int_0^{\frac{\pi}{2}} \sin^n x \mathrm{d}x = I_n$$

用分部积分法做积分,得

$$\begin{aligned} I_n &= \int_0^{\frac{\pi}{2}} \sin^n x \mathrm{d}x = \int_0^{\frac{\pi}{2}} \sin^{n-1} x \mathrm{d}(-\cos x) \\ &= (-\sin^{n-1} x \cdot \cos x)\Big|_0^{\frac{\pi}{2}} + (n-1)\int_0^{\frac{\pi}{2}} \sin^{n-2} x \cos^2 x \mathrm{d}x \\ &= 0 + (n-1)\int_0^{\frac{\pi}{2}} \sin^{n-2} x (1-\sin^2 x) \mathrm{d}x \\ &= (n-1)\int_0^{\frac{\pi}{2}} \sin^{n-2} x \mathrm{d}x - (n-1)\int_0^{\frac{\pi}{2}} \sin^n x \mathrm{d}x \\ &= (n-1) I_{n-2} - (n-1) I_n \end{aligned}$$

由此可得递推公式

$$I_n = \frac{n-1}{n} I_{n-2}$$

依照这个公式递推下去,最后一项会是 $n=0$ 的 I_0,或 $n=1$ 的 I_1,即

$$I_0 = \int_0^{\frac{\pi}{2}} \sin^0 x\mathrm{d}x = \int_0^{\frac{\pi}{2}} \mathrm{d}x = \frac{\pi}{2}$$

及

$$I_1 = \int_0^{\frac{\pi}{2}} \sin^1 x\mathrm{d}x = -\cos x\Big|_0^{\frac{\pi}{2}} = 1$$

当 n 为偶数时,令 $n=2m$(n,m 皆为正整数),有

$$\begin{aligned}I_{2m} &= \int_0^{\frac{\pi}{2}} \sin^{2m} x\mathrm{d}x \\ &= \frac{(2m-1)(2m-3)(2m-5)\cdot\cdots\cdot5\cdot3\cdot1}{2m(2m-2)(2m-4)\cdot\cdots\cdot4\cdot2}\cdot\frac{\pi}{2} \\ &= \frac{(2m-1)!!}{(2m)!!}\cdot\frac{\pi}{2}\end{aligned}$$

当 n 为奇数时,令 $n=2m+1$,有

$$\begin{aligned}I_{2m+1} &= \int_0^{\frac{\pi}{2}} \sin^{2m+1} x\mathrm{d}x \\ &= \frac{2m(2m-2)(2m-4)\cdot\cdots\cdot4\cdot2}{(2m+1)(2m-1)(2m-3)\cdot\cdots\cdot3\cdot1} \\ &= \frac{(2m)!!}{(2m+1)!!}\end{aligned}$$

同理,令 $n=2m-1$,又有

$$\begin{aligned}I_{2m-1} &= \int_0^{\frac{\pi}{2}} \sin^{2m-1} x\mathrm{d}x \\ &= \frac{(2m-2)(2m-4)(2m-6)\cdot\cdots\cdot4\cdot2}{(2m-1)(2m-3)(2m-5)\cdot\cdots\cdot3\cdot1} \\ &= \frac{(2m-2)!!}{(2m-1)!!}\end{aligned}$$

1.8　斯特林(Stirling)公式

斯特林公式是：

$$n!=\sqrt{2\pi n}\left(\frac{n}{\mathrm{e}}\right)^n\mathrm{e}^{\frac{\theta}{12n}}$$

有了沃利斯公式，就可以推导斯特林公式了.

因为

$$\ln(1+x)=x-\frac{x^2}{2}+\frac{x^3}{3}-\frac{x^4}{4}+\frac{x^5}{5}-\cdots+(-1)^{n-1}\frac{x^n}{n}+\cdots$$

$$\ln(1-x)=-x-\frac{x^2}{2}-\frac{x^3}{3}-\frac{x^4}{4}-\frac{x^5}{5}-\cdots-\frac{x^n}{n}-\cdots$$

所以

$$\ln\frac{1+x}{1-x}=2x\left(1+\frac{1}{3}x^2+\frac{1}{5}x^4+\cdots+\frac{1}{2n+1}x^{2n}+\cdots\right)$$

令 $x=\dfrac{1}{2n+1}$，则$\dfrac{1+x}{1-x}=\dfrac{n+1}{n}$，那么

$$\ln\frac{1+x}{1-x}=\ln\frac{n+1}{n}=\frac{2}{2n+1}\left[1+\frac{1}{3}\frac{1}{(2n+1)^2}+\frac{1}{5}\frac{1}{(2n+1)^4}+\cdots\right]$$

即

$$\frac{2n+1}{2}\ln\frac{n+1}{n}=1+\frac{1}{3}\frac{1}{(2n+1)^2}+\frac{1}{5}\frac{1}{(2n+1)^4}+\cdots$$

或

$$\left(n+\frac{1}{2}\right)\ln\left(1+\frac{1}{n}\right)=1+\frac{1}{3}\frac{1}{(2n+1)^2}+\frac{1}{5}\frac{1}{(2n+1)^4}+\cdots \tag{1.26}$$

(1.26)式大于1，而小于

$$1+\frac{1}{3}\left[\frac{1}{(2n+1)^2}+\frac{1}{(2n+1)^4}+\cdots\right]=1+\frac{1}{12n(n+1)} \tag{1.27}$$

(1.27)式左边的中括号部分是几何级数，可用几何级数的求和法来计

算：首项为 $a=\frac{1}{(2n+1)^2}$，公比为 $r=\frac{1}{(2n+1)^2}$，这样，(1.27)式左边的中括号部分的几何级数之和为

$$S=\frac{1}{(2n+1)^2}+\frac{1}{(2n+1)^4}+\frac{1}{(2n+1)^6}+\cdots+\left[\frac{1}{(2n+1)^2}\right]^k$$

$$=\frac{\frac{1}{(2n+1)^2}-\frac{1}{(2n+1)^2}\left[\frac{1}{(2n+1)^2}\right]^k}{1-\frac{1}{(2n+1)^2}}$$

$$=(k\to\infty)\frac{\frac{1}{(2n+1)^2}-0}{\frac{4n^2+4n}{(2n+1)^2}}=\frac{1}{4n^2+4n}=\frac{1}{4n(n+1)}$$

因此得到(1.27)式：

$$1+\frac{1}{3}\left[\frac{1}{(2n+1)^2}+\frac{1}{(2n+1)^4}+\cdots\right]=1+\frac{1}{12n(n+1)}$$

由于(1.26)式小于(1.27)式，于是就有以下不等式成立：

$$1<\left(n+\frac{1}{2}\right)\ln\left(1+\frac{1}{n}\right)<1+\frac{1}{12n(n+1)}$$

这个式子，又可写成如下对数形式：

$$\ln \mathrm{e}<\ln\left(1+\frac{1}{n}\right)^{n+\frac{1}{2}}<\ln \mathrm{e}^{1+\frac{1}{12n(n+1)}} \tag{1.28}$$

或指数形式

$$\mathrm{e}<\left(1+\frac{1}{n}\right)^{n+\frac{1}{2}}<\mathrm{e}^{1+\frac{1}{12n(n+1)}} \tag{1.29}$$

令

$$a_n=\frac{n!\mathrm{e}^n}{n^{n+\frac{1}{2}}} \tag{1.30}$$

则

$$\frac{a_n}{a_{n+1}}=\frac{1}{\mathrm{e}}\left(1+\frac{1}{n}\right)^{n+\frac{1}{2}}$$

或

$$\left(1+\frac{1}{n}\right)^{n+\frac{1}{2}}=\mathrm{e}\frac{a_n}{a_{n+1}}$$

于是，(1.29)式可写成

$$e < e\frac{a_n}{a_{n+1}} < e^{1+\frac{1}{12n(n+1)}}$$

同时除以 e，则得到

$$1 < \frac{a_n}{a_{n+1}} < e^{\frac{1}{12n(n+1)}} = \frac{e^{\frac{1}{12n}}}{e^{\frac{1}{12(n+1)}}}$$

这表明，一方面，$\frac{a_n}{a_{n+1}} > 1, a_n > a_{n+1}$，$a_n$ 是一个递减数列，其极限为 a；另一方面，

$$\frac{a_n}{a_{n+1}} < \frac{e^{\frac{1}{12n}}}{e^{\frac{1}{12(n+1)}}}$$

及

$$a_n \cdot e^{-\frac{1}{12n}} < a_{n+1} \cdot e^{-\frac{1}{12(n+1)}}$$

$a_n e^{-\frac{1}{12n}}$ 则为递增数列，其极限也是 a，因此有不等式

$$a_n e^{-\frac{1}{12n}} < a < a_n$$

若令

$$\theta = 12n \cdot \ln\frac{a_n}{a} \quad (0<\theta<1)$$

则

$$\ln\frac{a_n}{a} = \frac{\theta}{12n}$$

以及

$$\frac{a_n}{a} = e^{\frac{\theta}{12n}}$$

或

$$a_n = a e^{\frac{\theta}{12n}}$$

把它代入(1.30)式，得到

$$\begin{aligned} n! &= a_n \frac{n^{n+\frac{1}{2}}}{e^n} = a_n \sqrt{n}\left(\frac{n}{e}\right)^n \\ &= a\sqrt{n}\left(\frac{n}{e}\right)^n e^{\frac{\theta}{12n}} \quad (0 < \theta < 1) \end{aligned} \tag{1.31}$$

现在要来定出常数 a，这里我们要用到沃利斯公式：

$$\frac{\pi}{2}=\lim_{m\to\infty}\frac{1}{2m+1}\left[\frac{(2m)!!}{(2m-1)!!}\right]^2$$

因为

$$\frac{(2n)!!}{(2n-1)!!}=\frac{2^{2n}(n!)^2}{(2n)!}$$

其中

$$(2n)!!=2^n\cdot n!,\quad (2n-1)!!=\frac{(2n)!}{2^n\cdot n!}$$

(1.31)式中用 $2n$ 代替 n,则有

$$(2n)!=a\sqrt{2n}\left(\frac{2n}{\mathrm{e}}\right)^{2n}\mathrm{e}^{\frac{\theta'}{24n}}\quad (0<\theta'<1)$$

于是

$$\frac{(2n)!!}{(2n-1)!!}=\frac{2^{2n}(n!)^2}{(2n)!}=\frac{2^{2n}\left[a\sqrt{n}\left(\frac{n}{\mathrm{e}}\right)^n\mathrm{e}^{\frac{\theta}{12n}}\right]^2}{a\sqrt{2n}\left(\frac{2n}{\mathrm{e}}\right)^{2n}\mathrm{e}^{\frac{\theta'}{24n}}}$$

$$=\frac{2^{2n}a^2n\left(\frac{n}{\mathrm{e}}\right)^{2n}\mathrm{e}^{\frac{\theta}{6n}}}{a\sqrt{2n}\left(\frac{2n}{\mathrm{e}}\right)^{2n}\mathrm{e}^{\frac{\theta'}{24n}}}=a\sqrt{\frac{n}{2}}\mathrm{e}^{\frac{4\theta-\theta'}{24n}}$$

因此,根据(1.25)式,得

$$\frac{\pi}{2}=\lim_{n\to\infty}\frac{1}{2n+1}\left[\frac{(2n)!!}{(2n-1)!!}\right]^2=\lim_{n\to\infty}\frac{1}{2n+1}a^2\frac{n}{2}\mathrm{e}^{\frac{4\theta-\theta'}{12n}}=\frac{a^2}{4}$$

这里,我们做了近似计算:

$$\lim_{n\to\infty}\frac{n}{4n+2}=\frac{1}{4},\quad \lim_{n\to\infty}\mathrm{e}^{\frac{4\theta-\theta'}{12n}}=1$$

所以

$$a=\sqrt{2\pi}$$

把它代入(1.31)式,得到

$$n!=\sqrt{2\pi n}\left(\frac{n}{\mathrm{e}}\right)^n\mathrm{e}^{\frac{\theta}{12n}}\quad (0<\theta<1)\tag{1.32}$$

这就是**斯特林公式**.它可用来估算很大的 n 之阶乘 $n!$ 的数值.

为了对这个公式有一个大概的印象,试算两道较大的数的阶乘的

例子.

例 1.14 用斯特林公式计算阶乘 100!.

解 把 $n=100$ 代入斯特林公式 $n!=\sqrt{2\pi n}\left(\frac{n}{\mathrm{e}}\right)^n \mathrm{e}^{\frac{\theta}{12n}}$,得

$$100! = \sqrt{2\pi \cdot 100} \cdot 100^{100} \cdot \mathrm{e}^{-100} \cdot \mathrm{e}^{\frac{\theta}{1200}} \quad (0<\theta<1)$$

因为数值较大,我们取它的对数来计算比较方便.两边取对数,得

$$\begin{aligned}
\lg 100! &= \frac{1}{2}(\lg 2+\lg \pi+\lg 100)+100\lg 100-100\lg \mathrm{e}+\frac{\theta}{1200}\lg \mathrm{e} \\
&= \frac{1}{2}(0.3010+0.4971+2)+100\times 2 \\
&\quad -100\times 0.4343+\frac{\theta\times 0.4343}{1200} \\
&= 1.3991+200-43.43+0.0004\theta \\
&= 157.9691+0.0004\theta
\end{aligned}$$

我们这里用的是以 10 为底的常用对数 $\lg x=\log_{10} x$,因此得到

$$100! = 10^{157.9691+0.0004\theta}$$

若取 $\theta=0.5$ 的中间值,则

$$100! = 10^{157.9693} \approx 10^{158}$$

就是说 $n=100$ 的阶乘的数值是在 1 后面加 158 个零!

例 1.15 计算双阶乘 $1999!!=1\cdot 3\cdot 5\cdot \cdots \cdot 1999$.

解 首先必须把双阶乘化为单阶乘才能使用斯特林公式.在前面讲沃利斯公式时,曾给出公式 $(2n-1)!!=\frac{(2n)!}{2^n\cdot n!}$,因此,把 $1999!!$ 改写成 $(2000-1)!!$,其中 $n=1000$,使用公式 $(2n-1)!!=\frac{(2n)!}{2^n\cdot n!}$,于是

$$1999!! = (2\times 1000-1)!! = \frac{2000!}{2^{1000}\cdot 1000!}$$

运用(1.32)式,得

$$\begin{aligned}
1999!! &= (2\times 1000-1)!! = \frac{2000!}{2^{1000}\cdot 1000!} \\
&= \frac{\sqrt{2\pi\cdot 2000}\cdot 2000^{2000}\cdot \mathrm{e}^{-2000}\cdot \mathrm{e}^{\frac{\theta_1}{24000}}}{2^{1000}\cdot \sqrt{2\pi\cdot 1000}\cdot 1000^{1000}\cdot \mathrm{e}^{-1000}\cdot \mathrm{e}^{\frac{\theta_2}{12000}}}
\end{aligned}$$

$$= \frac{\sqrt{2}}{2^{1000}} \cdot \frac{2000^{2000}}{1000^{1000}} \cdot e^{-1000} \cdot e^{\frac{\theta_1 - 2\theta_2}{24000}}$$

令 $P = \frac{\sqrt{2}}{2^{1000}} \cdot \frac{2000^{2000}}{1000^{1000}} \cdot e^{-1000}$,对 P 取对数,得

$$\lg P = \frac{1}{2}\lg 2 - 1000\lg 2 + 2000\lg 2000 - 1000\lg 1000 - 1000\lg e$$
$$= 0.150515 - 301.029996 + 6602.059991 - 3000 - 434.294482$$
$$= 2866.886028$$

因此

$$P = 10^{2866.886028} = 10^{2866} \cdot 10^{0.886028} = 10^{2866} \times 7.6918$$

把 $P = 10^{2866} \times 7.6918$ 代入,最后得到

$$1999!! = 7.6918 \times 10^{2866} \times e^{\frac{\theta}{24000}} \approx 7.6918 \times 10^{2866}\left(1 + \frac{\theta}{2400}\right)$$

其中 $|\theta| < 1, 0 < \theta_1 < 1, 0 < \theta_2 < 1$.

第 2 章　初等函数的无穷级数展开

初等函数包括:① 幂函数以及由它构成的多项式;② 三角函数、反三角函数;③ 指数函数、对数函数.双曲函数可包括在指数函数中,因为它是由指数函数组成的,也属于初等函数.不是初等函数的函数,称为特殊函数.在函数中,初等函数是最重要、用途最广泛的函数.特殊函数的产生往往有很强的自然科学的背景,尤其是某些物理或工程方面的背景.特殊函数的数量也很多,如贝塞尔函数、勒让德函数、伽玛函数等.它们对研究相关问题是至关重要的,但它们应用的范围相对来说不广.对大多数人来说常用的还是初等函数.

我们在这一章只讲初等函数的无穷级数展开.

2.1　欧拉(Euler)的方法

2.1.1　指数函数和对数函数

1. 指数函数的级数表示

设 a 为大于 1 的常数,那么以 a 为底的指数函数值将随指数的增加而增加.不论 a 的数值大小,当指数为 0 时,都有 $a^0=1$.当指数比零增加无穷小量时，其值比 1 增加的量也为无穷小量.

设 ε 是一个无穷小量，则有

$$a^{0+\varepsilon} = 1 + \delta$$

数 δ 也是一个无穷小量.

令 $\delta = K\varepsilon$，我们有

$$a^{\varepsilon} = 1 + K\varepsilon \tag{2.1}$$

于是又有

$$(a^{\varepsilon})^{n} = (1 + K\varepsilon)^{n}$$

把该式的右边按二项式展开，得到

$$a^{n\varepsilon} = 1 + \frac{n}{1}K\varepsilon + \frac{n(n-1)}{1\cdot 2}K^{2}\varepsilon^{2} + \frac{n(n-1)(n-2)}{1\cdot 2\cdot 3}K^{3}\varepsilon^{3} + \cdots \tag{2.2}$$

令 $n\varepsilon = x$，若 n 是一个无穷大量，ε 是一个无穷小量，则 $n\varepsilon$ 可能是个不定式，也可能是一个有限量. 在此，我们不妨认定 x 是一个有限量，并且 $\varepsilon = \dfrac{x}{n}$. 这样，我们可把(2.2)式写成

$$\begin{aligned} a^{x} &= 1 + \frac{n}{1}K\frac{x}{n} + \frac{n(n-1)}{1\cdot 2}K^{2}\left(\frac{x}{n}\right)^{2} + \frac{n(n-1)(n-2)}{1\cdot 2\cdot 3}K^{3}\left(\frac{x}{n}\right)^{3} + \cdots \\ &= 1 + \frac{n}{n}Kx + \frac{n(n-1)}{n^{2}\cdot 1\cdot 2}(Kx)^{2} + \frac{n(n-1)(n-2)}{n^{3}\cdot 1\cdot 2\cdot 3}(Kx)^{3} + \cdots \end{aligned} \tag{2.3}$$

当 n 是无穷大时，该式依然成立. 而 K 是一个确定的依赖于 a 的数.

当 n 是无穷大时，有

$$\frac{n-1}{n} = 1$$

类似地，$\dfrac{n-2}{n} = 1, \dfrac{n-3}{n} = 1, \dfrac{n-4}{n} = 1, \cdots$，由此得

$$\frac{n(n-1)}{n^{2}\cdot 1\cdot 2} = \frac{1}{2}, \quad \frac{n(n-1)(n-2)}{n^{3}\cdot 1\cdot 2\cdot 3} = \frac{1}{6}, \quad \cdots$$

因此，(2.3)式可写成

$$\begin{aligned} a^{x} &= 1 + \frac{Kx}{1} + \frac{K^{2}x^{2}}{1\cdot 2} + \frac{K^{3}x^{3}}{1\cdot 2\cdot 3} + \frac{K^{4}x^{4}}{1\cdot 2\cdot 3\cdot 4} + \frac{K^{5}x^{5}}{1\cdot 2\cdot 3\cdot 4\cdot 5} + \cdots \\ &= 1 + \frac{Kx}{1!} + \frac{K^{2}x^{2}}{2!} + \frac{K^{3}x^{3}}{3!} + \frac{K^{4}x^{4}}{4!} + \frac{K^{5}x^{5}}{5!} + \cdots \end{aligned} \tag{2.4}$$

令 $x=1$,有

$$a = 1+\frac{K}{1!}+\frac{K^2}{2!}+\frac{K^3}{3!}+\frac{K^4}{4!}+\frac{K^5}{5!}+\cdots \tag{2.5}$$

在(2.5)式中,若令 $a=10$,则近似地有 $K=2.30258$;若令 $K=1$,则有

$$a = 1+\frac{1}{1!}+\frac{1}{2!}+\frac{1}{3!}+\frac{1}{4!}+\frac{1}{5!}+\cdots \tag{2.6}$$

经计算后,可得到

$$a = 2.718281828459045235360 2874\cdots$$

精确到最后一位.

以这个数为底的对数,称为自然对数,并用 e 代替 a,把它写成

$$\mathrm{e} = \sum_{n=0}^{\infty}\frac{1}{n!} \tag{2.7}$$

在(2.4)式中,用 e 代替 a,并令 $K=1$,则(2.4)式变为

$$\begin{aligned}\mathrm{e}^x &= 1+\frac{x}{1}+\frac{x^2}{1\cdot 2}+\frac{x^3}{1\cdot 2\cdot 3}+\frac{x^4}{1\cdot 2\cdot 3\cdot 4}+\frac{x^5}{1\cdot 2\cdot 3\cdot 4\cdot 5}+\cdots \\ &= 1+\frac{x}{1!}+\frac{x^2}{2!}+\frac{x^3}{3!}+\frac{x^4}{4!}+\frac{x^5}{5!}+\cdots \end{aligned} \tag{2.8}$$

这就是指数函数的无穷级数的展开形式.把它写成总和的形式:

$$\mathrm{e}^x = \sum_{m=0}^{\infty}\frac{x^m}{m!} \tag{2.9}$$

用 e 作为自然对数的底,并建立起自然对数,这是欧拉的功绩.

2. 对数函数的无穷级数展开

回到(2.1)式,$a^{\varepsilon}=1+K\varepsilon$,用 e 取代 a,并设 $K=1$,则有

$$\mathrm{e}^{\varepsilon} = 1+\varepsilon$$

因而有 $(\mathrm{e}^{\varepsilon})^n=(1+\varepsilon)^n$,这个式子对任何 n 值都成立.

两边取对数(以 e 为底的自然对数),则

$$n\varepsilon = \ln(1+\varepsilon)^n$$

令 $(1+\varepsilon)^n=1+x$,则

$$1+\varepsilon = (1+x)^{\frac{1}{n}},\quad \varepsilon = (1+x)^{\frac{1}{n}}-1,\quad n\varepsilon = n\left[(1+x)^{\frac{1}{n}}-1\right]$$

因此

$$\ln(1+x) = \ln(1+\varepsilon)^n = n\varepsilon = n\left[(1+x)^{\frac{1}{n}}-1\right]$$

运用二项式公式：

$$(1+x)^m = 1+\binom{m}{1}x+\binom{m}{2}x^2+\binom{m}{3}x^3+\cdots \tag{2.10}$$

其中二项式系数$\binom{m}{k}=\dfrac{m(m-1)(m-2)\cdots(m-k+1)}{k!}$,那么

$$(1+x)^{\frac{1}{n}} = 1+\binom{\frac{1}{n}}{1}x^1+\binom{\frac{1}{n}}{2}x^2+\binom{\frac{1}{n}}{3}x^3+\cdots$$

$$= 1+\frac{\frac{1}{n}}{1!}x+\frac{\frac{1}{n}\left(\frac{1}{n}-1\right)}{2!}x^2+\frac{\frac{1}{n}\left(\frac{1}{n}-1\right)\left(\frac{1}{n}-2\right)}{3!}x^3+\cdots$$

$$= 1+\frac{1}{n}x-\frac{n-1}{n\cdot 2n}x^2+\frac{(n-1)(2n-1)}{n\cdot 2n\cdot 3n}x^3$$

$$-\frac{(n-1)(2n-1)(3n-1)}{n\cdot 2n\cdot 3n\cdot 4n}x^4$$

$$+\frac{(n-1)(2n-1)(3n-1)(4n-1)}{n\cdot 2n\cdot 3n\cdot 4n\cdot 5n}x^5-\cdots$$

当 n 为无穷大时,有

$$\frac{n-1}{n}=1,\quad \frac{2n-1}{2n}=1,\quad \frac{3n-1}{3n}=1,\quad \frac{4n-1}{4n}=1,\quad \cdots$$

因此

$$(1+x)^{\frac{1}{n}} = 1+\frac{x}{n}-\frac{x^2}{2n}+\frac{x^3}{3n}-\frac{x^4}{4n}+\frac{x^5}{5n}-\cdots$$

及

$$n\left[(1+x)^{\frac{1}{n}}-1\right]=\frac{x}{1}-\frac{x^2}{2}+\frac{x^3}{3}-\frac{x^4}{4}+\frac{x^5}{5}-\cdots$$

即

$$\ln(1+x)=x-\frac{x^2}{2}+\frac{x^3}{3}-\frac{x^4}{4}+\frac{x^5}{5}-\cdots \tag{2.11}$$

写成总和的形式：

$$\ln(1+x)=\sum_{k=1}^{\infty}(-1)^{k+1}\frac{x^k}{k} \tag{2.12}$$

把(2.11)式中的 x 换成 $-x$,得

$$\ln(1-x)=-x-\frac{x^2}{2}-\frac{x^3}{3}-\frac{x^4}{4}-\frac{x^5}{5}-\cdots=\sum_{k=1}^{\infty}\left(-\frac{x^k}{k}\right)\tag{2.13}$$

因此有

$$\begin{aligned}\ln\frac{1+x}{1-x}&=\ln(1+x)-\ln(1-x)\\&=2\left(x+\frac{x^3}{3}+\frac{x^5}{5}+\cdots+\frac{x^{2n-1}}{2n-1}+\cdots\right)\\&=2\sum_{n=1}^{\infty}\frac{x^{2n-1}}{2n-1}\end{aligned}\tag{2.14}$$

2.1.2　三角函数的无穷级数展开

1. 正弦函数和余弦函数

因为$\sin^2x+\cos^2x=1$，引入虚数 $\mathrm{i}=\sqrt{-1}$，$\mathrm{i}^2=-1$，则

$$\cos^2x-\mathrm{i}^2\sin^2x=1$$

对方程左边做因式分解，得

$$(\cos x+\mathrm{i}\sin x)(\cos x-\mathrm{i}\sin x)=1$$

考虑乘积

$$\begin{aligned}&(\cos x+\mathrm{i}\sin x)(\cos y+\mathrm{i}\sin y)\\&=(\cos x\cos y-\sin x\sin y)+\mathrm{i}(\cos x\sin y+\sin x\cos y)\end{aligned}$$

因为

$$\cos x\cos y-\sin x\sin y=\cos(x+y)$$
$$\cos x\sin y+\sin x\cos y=\sin(x+y)$$

所以

$$(\cos x+\mathrm{i}\sin x)(\cos y+\mathrm{i}\sin y)=\cos(x+y)+\mathrm{i}\sin(x+y)$$

当取 $y=x$ 时，则有

$$\begin{aligned}(\cos x+\mathrm{i}\sin x)(\cos x+\mathrm{i}\sin x)&=(\cos x+\mathrm{i}\sin x)^2\\&=\cos 2x+\mathrm{i}\sin 2x\end{aligned}$$

同理

$$(\cos x+\mathrm{i}\sin x)(\cos x+\mathrm{i}\sin x)(\cos x+\mathrm{i}\sin x)=(\cos x+\mathrm{i}\sin x)^3$$
$$=\cos 3x+\mathrm{i}\sin 3x$$

以此类推,可得

$$(\cos x+\mathrm{i}\sin x)^n=\cos nx+\mathrm{i}\sin nx \tag{2.15}$$

这就是**棣莫弗(de Moivre)公式**.

同样有

$$(\cos x-\mathrm{i}\sin x)^n=\cos nx-\mathrm{i}\sin nx \tag{2.16}$$

因此有

$$\cos nx=\frac{(\cos x+\mathrm{i}\sin x)^n+(\cos x-\mathrm{i}\sin x)^n}{2}$$
$$\sin nx=\frac{(\cos x+\mathrm{i}\sin x)^n-(\cos x-\mathrm{i}\sin x)^n}{2\mathrm{i}}$$

将上面两式右边分式的分子按二项式展开,其中

$$(\cos x+\mathrm{i}\sin x)^n=\binom{n}{0}\cos^n x\,(\mathrm{i}\sin x)^0+\binom{n}{1}\cos^{n-1}x\,(\mathrm{i}\sin x)^1+\binom{n}{2}\cos^{n-2}x\,(\mathrm{i}\sin x)^2+\cdots$$

$$(\cos x-\mathrm{i}\sin x)^n=\binom{n}{0}\cos^n x\,(\mathrm{i}\sin x)^0-\binom{n}{1}\cos^{n-1}x\,(\mathrm{i}\sin x)^1+\binom{n}{2}\cos^{n-2}x\,(\mathrm{i}\sin x)^2-\cdots$$

则有

$$\begin{aligned}\cos nx&=\frac{(\cos x+\mathrm{i}\sin x)^n+(\cos x-\mathrm{i}\sin x)^n}{2}\\&=\cos^n x-\frac{n(n-1)}{1\cdot 2}\cos^{n-2}x\cdot\sin^2 x\\&\quad+\frac{n(n-1)(n-2)(n-3)}{1\cdot 2\cdot 3\cdot 4}\cos^{n-4}x\cdot\sin^4 x\\&\quad-\frac{n(n-1)(n-2)(n-3)(n-4)(n-5)}{1\cdot 2\cdot 3\cdot 4\cdot 5\cdot 6}\cos^{n-6}x\\&\quad\cdot\sin^6 x+\cdots\end{aligned} \tag{2.17}$$

$$\sin nx = \frac{(\cos x + \mathrm{i}\sin x)^n - (\cos x - \mathrm{i}\sin x)^n}{2\mathrm{i}}$$

$$= \frac{n}{1}\cos^{n-1}x \cdot \sin x - \frac{n(n-1)(n-2)}{1\cdot 2\cdot 3}\cos^{n-3}x \cdot \sin^3 x$$

$$+ \frac{n(n-1)(n-2)(n-3)(n-4)}{1\cdot 2\cdot 3\cdot 4\cdot 5}\cos^{n-5}x \cdot \sin^5 x - \cdots \tag{2.18}$$

设 x 为无穷小，则 $\sin x = x$，$\cos x = 1$，又令 n 为无穷大，则 nx 为有限数.

记 $nx = u$，$x = \frac{u}{n}$，$\sin x = x = \frac{u}{n}$，$\cos^m x = 1$（m 为任何数），那么，(2.17)式为

$$\cos nx = \cos u = 1 - \frac{n(n-1)}{1\cdot 2}\frac{u^2}{n^2} + \frac{n(n-1)(n-2)(n-3)}{1\cdot 2\cdot 3\cdot 4}\frac{u^4}{n^4}$$

$$- \frac{n(n-1)(n-2)(n-3)(n-4)(n-5)}{1\cdot 2\cdot 3\cdot 4\cdot 5\cdot 6}\frac{u^6}{n^6}$$

$$+ \cdots$$

当 n 为无穷大时，$\frac{n-1}{n} = \frac{n-2}{n} = \frac{n-3}{n} = \cdots = 1$，因此

$$\cos u = 1 - \frac{u^2}{2!} + \frac{u^4}{4!} - \frac{u^6}{6!} + \frac{u^8}{8!} - \frac{u^{10}}{10!} + \frac{u^{12}}{12!} - \cdots \tag{2.19}$$

同样，(2.18)式为

$$\sin u = \frac{u}{1} - \frac{u^3}{3!} + \frac{u^5}{5!} - \frac{u^7}{7!} + \frac{u^9}{9!} - \frac{u^{11}}{11!} + \frac{u^{13}}{13!} - \cdots \tag{2.20}$$

这就是余弦函数和正弦函数的无穷级数展开式.

注意，这里级数中的 u 是用弧度计算的. 当 u 为180°时，它的弧度值为 $\pi = 3.1415926535\cdots$，90° 为 $\frac{\pi}{2} = 1.570796327\cdots$，$45^\circ$ 为 $\frac{\pi}{4} = 0.7853981634\cdots$，$30^\circ$为$\frac{\pi}{6} = 0.5235987756\cdots$，1 弧度等于$57.296^\circ$.

(2.19)、(2.20)式只有当 $u<1$，即 $u<57.296^\circ$时才适用. 否则它将发散.

2. 正切函数和余切函数

正切和余切可用正弦和余弦表示出来：

$$\tan u=\frac{\sin u}{\cos u}=\frac{u-\frac{u^3}{3!}+\frac{u^5}{5!}-\frac{u^7}{7!}+\cdots}{1-\frac{u^2}{2!}+\frac{u^4}{4!}-\frac{u^6}{6!}+\cdots} \tag{2.21}$$

$$\cot u=\frac{\cos u}{\sin u}=\frac{1-\frac{u^2}{2!}+\frac{u^4}{4!}-\frac{u^6}{6!}+\cdots}{u-\frac{u^3}{3!}+\frac{u^5}{5!}-\frac{u^7}{7!}+\cdots} \tag{2.22}$$

(2.21)式的右边用立式除法相除，可得

$$\tan u=u+\frac{1}{3}u^3+\frac{2}{15}u^5+\frac{17}{315}u^7+\frac{1387}{63420}u^9+\frac{1669511}{188357400}u^{11}+\cdots \tag{2.23}$$

用除法可以一直做下去，但很费时费事.

通常人们用下面的通式来表示：

$$\tan u=\sum_{n=1}^{\infty}(-1)^{n-1}\frac{2^{2n}(2^{2n}-1)B_{2n}}{(2n)!}u^{2n-1} \tag{2.24}$$

式中的 B_{2n} 为伯努利数.

关于伯努利数，我们会在后面给出它的来历与证明. 在此我们先列出部分伯努利数如下：

B_0	B_1	B_2	B_3	B_4	B_5	B_6	B_7	B_8	B_9	B_{10}	B_{11}	B_{12}	$\cdots$
1	$-\frac{1}{2}$	$\frac{1}{6}$	0	$-\frac{1}{30}$	0	$\frac{1}{42}$	0	$-\frac{1}{30}$	0	$\frac{5}{66}$	0	$\frac{691}{2730}$	$\cdots$

在伯努利数中，除 B_1 外的所有奇数项均为 0. 因此，公式里常常只使用偶数项的伯努利数 B_{2n}. 当 $n=0,1,2,\cdots$ 时，伯努利数分别是 B_0，B_2，B_4，$\cdots$. 当正切函数用(2.24)式表示时，把相应的伯努利数代入，有

$$\tan u=u+\frac{1}{3}u^3+\frac{2}{15}u^5+\frac{17}{315}u^7+\frac{62}{2835}u^9+\frac{17966}{2027025}u^{11}+\cdots \tag{2.25}$$

与用除法得到的(2.23)式(重新写在下面)进行比较：

$$\tan u = u + \frac{1}{3}u^3 + \frac{2}{15}u^5 + \frac{17}{315}u^7 + \frac{1387}{63420}u^9 + \frac{1669511}{188357400}u^{11} + \cdots \tag{2.23}$$

可看出,这两个式子的前面四项完全一样,第 5 项以后的各项略有差异,如第 5 项 u^9 的系数,两者之差

$$\frac{1387}{63420} - \frac{62}{2835} = 5.83996169 \times 10^{-7} \approx 6 \times 10^{-7}$$

又如第 6 项 u^{11} 的系数,两者之差

$$\frac{1669511}{188357400} - \frac{17966}{2027025} = 2.919980845 \times 10^{-7} \approx 3 \times 10^{-7}$$

当 $u<1$ 时,这个误差是很小的. 因此(2.24)式是可使用的. 通常我们给出它的使用条件是 $u^2<\frac{\pi}{4}$.

同样,余切的级数展开,也可用立式除法于(2.22)式的右边,得到

$$\begin{aligned}\cot u = \frac{\cos u}{\sin u} &= \frac{1 - \frac{u^2}{2!} + \frac{u^4}{4!} - \frac{u^6}{6!} + \frac{u^8}{8!} - \frac{u^{10}}{10!} + \frac{u^{12}}{12!} - \cdots}{u - \frac{u^3}{3!} + \frac{u^5}{5!} - \frac{u^7}{7!} + \frac{u^9}{9!} - \frac{u^{11}}{11!} + \frac{u^{13}}{13!} - \cdots} \\ &= \frac{1}{u} - \frac{1}{3}u - \frac{1}{45}u^3 - \frac{2}{945}u^5 - \frac{1}{4725}u^7 - \frac{2}{93555}u^9 \\ &\quad - \frac{1382}{638512875}u^{11} - \cdots \end{aligned} \tag{2.26}$$

用立式除法做计算是很费时间和精力的,所以人们也找到用伯努利数来表述这个级数展开,即

$$\cot u = \sum_{n=0}^{\infty} (-1)^n \frac{2^{2n}B_{2n}}{(2n)!}u^{2n-1} \tag{2.27}$$

式中 B_{2n} 为第 $2n$ 位伯努利数. 用伯努利数 B_{2n} 代入(2.27)式,则有

$$\begin{aligned}\cot u = \frac{1}{u} - \frac{1}{3}u - \frac{1}{45}u^3 - \frac{2}{945}u^5 - \frac{1}{4725}u^7 - \frac{2}{93555}u^9 \\ - \frac{1382}{638512875}u^{11} - \cdots \end{aligned} \tag{2.28}$$

从(2.26)式与(2.28)式的比较可看出,前 7 项完全相同. 可见用伯努利数书写的余切的级数展开是可信的.

3. 正割函数和余割函数

正割函数可用余弦函数的倒数来表示：

$$\sec u = \frac{1}{\cos u}$$

其中

$$\cos u = 1 - \frac{u^2}{2!} + \frac{u^4}{4!} - \frac{u^6}{6!} + \frac{u^8}{8!} - \frac{u^{10}}{10!} + \frac{u^{12}}{12!} - \cdots$$

因此

$$\sec u = \frac{1}{1 - \frac{u^2}{2!} + \frac{u^4}{4!} - \frac{u^6}{6!} + \frac{u^8}{8!} - \frac{u^{10}}{10!} + \frac{u^{12}}{12!} - \cdots}$$

用立式除法计算,可得

$$\sec u = 1 + \frac{1}{2}u^2 + \frac{5}{24}u^4 + \frac{61}{720}u^6 + \frac{277}{8064}u^8 + \frac{50521}{3628800}u^{10} + \frac{2703689}{479001500}u^{12} + \cdots \tag{2.29}$$

因为用立式除法计算这个无穷级数的各项值工作量很大,所以人们用欧拉数造了一个正割函数的无穷级数表达式,其通项为$(-1)^n \frac{E_{2n}}{(2n)!}u^{2n}$,用这个通项来表述正割函数的无穷级数是

$$\sec u = \sum_{n=0}^{\infty} (-1)^n \frac{E_{2n}}{(2n)!}u^{2n} \tag{2.30}$$

其中 E_{2n} 为欧拉数.

前几位的欧拉数如下：

E_0	E_1	E_2	E_3	E_4	E_5	E_6	E_7	E_8	E_9	E_{10}	E_{11}	E_{12}	$\cdots$
1	0	−1	0	5	0	−61	0	1385	0	−50521	0	2702765	$\cdots$

欧拉数 E_n 的所有奇数项皆为 0,只有偶数项才有数值.因此公式中只使用偶数项的欧拉数 E_{2n}.当 $n=0,1,2,3,\cdots$时,欧拉数分别是 $E_0,E_2,E_4,E_6,\cdots$.

把欧拉数 E_{2n} 代入(2.30)式后,得到

$$\sec u = 1 + \frac{1}{2}u^2 + \frac{5}{24}u^4 + \frac{61}{720}u^6 + \frac{277}{8064}u^8 + \frac{50521}{3628800}u^{10}$$

$$+\frac{2702765}{479001600}u^{12}+\cdots \tag{2.31}$$

可以看出，用欧拉数算得的(2.31)式和用除法计算得到的(2.29)式比较，前 6 项完全相同.

伯努利数和欧拉数都可以在许多数学手册中查到.

同理，余割函数可写成正弦函数的倒数：$\csc u=\frac{1}{\sin u}$，其中

$$\sin u = u-\frac{u^3}{3!}+\frac{u^5}{5!}-\frac{u^7}{7!}+\frac{u^9}{9!}-\frac{u^{11}}{11!}+\frac{u^{13}}{13!}-\cdots$$

因此

$$\csc u = \frac{1}{u-\frac{u^3}{3!}+\frac{u^5}{5!}-\frac{u^7}{7!}+\frac{u^9}{9!}-\frac{u^{11}}{11!}+\frac{u^{13}}{13!}-\cdots}$$

用多项式除法(立式除法)，可得余割函数的无穷级数展开式为

$$\csc u=\frac{1}{u}+\frac{1}{6}u+\frac{7}{360}u^3+\frac{31}{15120}u^5+\frac{127}{604800}u^7+\frac{73}{3421440}u^9+\frac{67337}{31135104000}u^{11}+\cdots \tag{2.32}$$

由于多项式除法的计算工作量太大，人们找到用伯努利数来表述余割函数的无穷级数：

$$\csc u = \sum_{n=1}^{\infty}(-1)^{n+1}\frac{2(2^{2n-1}-1)B_{2n}}{(2n)!}u^{2n-1} \tag{2.33}$$

把伯努利数 B_{2n} 代入(2.33)式，得

$$\csc u=\frac{1}{u}+\frac{1}{6}u+\frac{7}{360}u^3+\frac{31}{15120}u^5+\frac{127}{604800}u^7+\frac{73}{3421440}u^9+\frac{61499}{28427703650}u^{11}+\cdots \tag{2.34}$$

把由多项式除法计算的(2.32)式与用伯努利数推导出来的(2.34)式作比较. 可看出，两者前 6 项是完全相同的，第 7 项两者的 u^{11} 的系数之差为

$$\frac{61499}{28427703650}-\frac{67337}{31135104000}=6.11773264\times10^{-10}\approx 6\times10^{-10}$$

差别很小了.

因为我们规定 $u<1$，所以 u 的高次项在级数中的权重越来越小，对数值的精确度的影响也越来越小.

2.1.3 关于伯努利数和欧拉数

在三角函数展开为无穷级数的表述中，常常用到两个常数：伯努利数和欧拉数.现在就来把这两个常数的来龙去脉说说清楚.

1. 伯努利数

伯努利数 B_n 是伯努利多项式的母函数

$$\frac{t\mathrm{e}^x}{\mathrm{e}^t-1}=\sum_{n=0}^{\infty}B_n(x)\frac{t^n}{n!} \tag{2.35}$$

中的 $B_n(x)$ 在 $x=0$ 处的值，即 $B_n=B_n(0)$.因此，伯努利数 B_n 的母函数变为

$$\sum_{n=0}^{\infty}B_n\frac{t^n}{n!}=\frac{t}{\mathrm{e}^t-1} \tag{2.36}$$

把(2.36)式右边用级数展开：

$$\begin{aligned}\frac{t}{\mathrm{e}^t-1}&=\frac{t}{\left(1+\frac{t}{1!}+\frac{t^2}{2!}+\frac{t^3}{3!}+\cdots\right)-1}=\frac{t}{t+\frac{t^2}{2}+\frac{t^3}{6}+\cdots}\\&=\frac{1}{1+\frac{t}{2}+\frac{t^2}{6}+\cdots+\frac{t^{n-1}}{n!}+\cdots}\end{aligned}$$

用多项式除法得

$$\begin{aligned}\frac{t}{\mathrm{e}^t-1}=&1-\frac{1}{2}t+\frac{1}{12}t^2-\frac{1}{720}t^4+\frac{1}{30240}t^6\\&-\frac{1}{1209600}t^8+\cdots\end{aligned} \tag{2.37}$$

(2.36)式左边展开：

$$\begin{aligned}\sum_{n=0}^{\infty}B_n\frac{t^n}{n!}=&B_0+\frac{B_1}{1!}t+\frac{B_2}{2!}t^2+\frac{B_3}{3!}t^3+\frac{B_4}{4!}t^4+\frac{B_5}{5!}t^5\\&+\frac{B_6}{6!}t^6+\frac{B_7}{7!}t^7+\frac{B_8}{8!}t^8+\cdots\end{aligned} \tag{2.38}$$

根据(2.36)式,两边 t^n 的同次项的系数应该相等,即(2.37)和(2.38)两式的 t^n 的同次项的系数应该相等,因此得到

$$B_0=1,\ B_1=-\frac{1}{2},\ B_2=\frac{1}{6},\ B_4=-\frac{1}{30},\ B_6=\frac{1}{42},\ B_8=-\frac{1}{30},\ \cdots \tag{2.39}$$

除了 B_1外,所有带奇数脚标的伯努利数皆为 0,即

$$B_3=B_5=B_7=B_9=B_{11}=\cdots=B_{2n-1}=0$$

这就是伯努利数的来历.

2. 欧拉数

欧拉多项式 $E_n(x)$是用母函数

$$\frac{2e^{xt}}{e^t+1}=\sum_{n=0}^{\infty}E_n(x)\frac{t^n}{n!} \tag{2.40}$$

定义的. 欧拉数 E_n 是欧拉多项式 $E_n(x)$在 $x=\frac{1}{2}$处的值,即 $E_n=2^nE_n\left(\frac{1}{2}\right)$. 于是,欧拉数的母函数变为

$$\sum_{n=0}^{\infty}E_n\frac{t^n}{n!}=\frac{2e^t}{e^{2t}+1} \tag{2.41}$$

因为在(2.40)式中,把 $x=\frac{1}{2}$及 $E_n=2^nE_n\left(\frac{1}{2}\right)$代入,即得

$$\frac{2e^{\frac{t}{2}}}{e^t+1}=\sum_{n=0}^{\infty}E_n\left(\frac{1}{2}\right)\frac{t^n}{n!}=\sum_{n=0}^{\infty}\frac{E_n}{2^n}\frac{t^n}{n!}=\sum_{n=0}^{\infty}E_n\left(\frac{t}{2}\right)^n\frac{1}{n!} \tag{2.42}$$

在(2.42)式中,令$\frac{t}{2}=u$,则

$$\frac{2e^u}{e^{2u}+1}=\sum_{n=0}^{\infty}E_n\frac{u^n}{n!}$$

再返回去,把 u 换成 t 作变量时,就是(2.41)式了.

将(2.41)式的右边的分式的分子、分母同时乘上 e^{-t},得

$$\sum_{n=0}^{\infty}E_n\frac{t^n}{n!}=\frac{2e^t\cdot e^{-t}}{(e^{2t}+1)\cdot e^{-t}}=\frac{2}{e^t+e^{-t}}=\frac{1}{\cosh t} \tag{2.43}$$

把(2.43)式的右边展开:

$$\frac{1}{\cosh t}=\frac{1}{1+\frac{t^2}{2!}+\frac{t^4}{4!}+\frac{t^6}{6!}+\frac{t^8}{8!}+\cdots+\frac{t^{2n}}{(2n)!}+\cdots}$$

用多项式除法,得到

$$\frac{1}{\cosh t} = 1 - \frac{1}{2}t^2 + \frac{5}{24}t^4 - \frac{61}{720}t^6 + \frac{22063}{642240}t^8 - \frac{5633699}{404611200}t^{10} + \frac{30139171}{5340867840}t^{12} - \cdots$$

(2.43)式的左边展开为

$$\sum_{n=0}^{\infty} E_n \frac{t^n}{n!} = E_0 + \frac{E_1}{1!}t + \frac{E_2}{2!}t^2 + \frac{E_3}{3!}t^3 + \frac{E_4}{4!}t^4 + \frac{E_5}{5!}t^5 + \frac{E_6}{6!}t^6 + \frac{E_7}{7!}t^7 + \frac{E_8}{8!}t^8 + \cdots$$

由(2.43)式的左、右两边相等,有

$$E_0 + \frac{E_1}{1!}t + \frac{E_2}{2!}t^2 + \frac{E_3}{3!}t^3 + \frac{E_4}{4!}t^4 + \frac{E_5}{5!}t^5 + \frac{E_6}{6!}t^6 + \frac{E_7}{7!}t^7 + \frac{E_8}{8!}t^8 + \cdots$$
$$= 1 - \frac{1}{2}t^2 + \frac{5}{24}t^4 - \frac{61}{720}t^6 + \frac{22063}{642240}t^8 - \frac{5633699}{404611200}t^{10} + \frac{30139171}{5340867840}t^{12} - \cdots \tag{2.44}$$

由于(2.44)式的两边的 t^n 的同次幂的系数应该相等,故所有奇次项的欧拉数均为零,即

$$E_1 = E_3 = E_5 = E_7 = E_9 = \cdots = 0$$

而偶次项的欧拉数分别是

$$E_0 = 1$$

$$\frac{E_2}{2!} = -\frac{1}{2}, \quad E_2 = -1$$

$$\frac{E_4}{4!} = \frac{5}{24}, \quad E_4 = 5$$

$$\frac{E_6}{6!} = -\frac{61}{720}, \quad E_6 = -61$$

$$\frac{E_8}{8!} = \frac{22063}{642240}, \quad E_8 \approx 1385$$

$$\frac{E_{10}}{10!} = -\frac{5633699}{404611200}, \quad E_{10} \approx -50526$$

$$\frac{E_{12}}{12!} = \frac{30139171}{5340867840}, \quad E_{12} \approx 2703065$$

…

这就是欧拉数的来历.

因此,欧拉数为

E_0	E_1	E_2	E_3	E_4	E_5	E_6	E_7	E_8	E_9	E_{10}	E_{11}	E_{12}	…
1	0	−1	0	5	0	−61	0	1385	0	−50526	0	2703065	…

2.1.4　反三角函数的无穷级数展开

1. 反正切函数和反余切函数

由欧拉公式

$$e^{ix} = \cos x + i\sin x, \quad e^{-ix} = \cos x - i\sin x \tag{2.45}$$

两边取对数:

$$\ln e^{ix} = \ln(\cos x + i\sin x), \quad \ln e^{-ix} = \ln(\cos x - i\sin x)$$

得到

$$ix = \ln(\cos x + i\sin x), \quad -ix = \ln(\cos x - i\sin x)$$

两式相减,得

$$\begin{aligned} 2ix &= \ln(\cos x + i\sin x) - \ln(\cos x - i\sin x) \\ &= \ln\frac{\cos x + i\sin x}{\cos x - i\sin x} = \ln\frac{1 + i\tan x}{1 - i\tan x} \end{aligned}$$

因此

$$x = \frac{1}{2i}\ln\frac{1 + i\tan x}{1 - i\tan x} \tag{2.46}$$

令 $i\tan x = y$,则

$$\ln\frac{1 + i\tan x}{1 - i\tan x} = \ln\frac{1 + y}{1 - y}$$

利用(2.14)式,得

$$\ln\frac{1 + y}{1 - y} = \frac{2y}{1} + \frac{2y^3}{3} + \frac{2y^5}{5} + \frac{2y^7}{7} + \cdots$$

故

$$\ln\frac{1+\mathrm{i}\tan x}{1-\mathrm{i}\tan x}=\frac{2\mathrm{i}\tan x}{1}+\frac{2(\mathrm{i}\tan x)^3}{3}+\frac{2(\mathrm{i}\tan x)^5}{5}+\frac{2(\mathrm{i}\tan x)^7}{7}+\cdots$$

$$=\frac{2\mathrm{i}\tan x}{1}-\frac{2\mathrm{i}\tan^3 x}{3}+\frac{2\mathrm{i}\tan^5 x}{5}-\frac{2\mathrm{i}\tan^7 x}{7}+\cdots$$

把它代入(2.46)式,得

$$x=\frac{1}{2\mathrm{i}}\ln\frac{1+\mathrm{i}\tan x}{1-\mathrm{i}\tan x}$$

$$=\frac{1}{2\mathrm{i}}\left(\frac{2\mathrm{i}\tan x}{1}-\frac{2\mathrm{i}\tan^3 x}{3}+\frac{2\mathrm{i}\tan^5 x}{5}-\frac{2\mathrm{i}\tan^7 x}{7}+\cdots\right)$$

$$=\frac{\tan x}{1}-\frac{\tan^3 x}{3}+\frac{\tan^5 x}{5}-\frac{\tan^7 x}{7}+\cdots$$

令 $\tan x=t$,则 $x=\arctan t$,因此

$$\arctan t = x = \frac{t}{1}-\frac{t^3}{3}+\frac{t^5}{5}-\frac{t^7}{7}+\frac{t^9}{9}-\frac{t^{11}}{11}+\cdots \tag{2.47}$$

这就是反正切函数的无穷级数展开式.写成总和的形式:

$$\arctan t = \sum_{n=0}^{\infty}(-1)^n\frac{t^{2n+1}}{2n+1}$$

当 $x=\frac{\pi}{4}$时,$\tan\frac{\pi}{4}=1$,即 $t=1$,这就是说

$$\frac{\pi}{4}=\arctan 1=\frac{1}{1}-\frac{1}{3}+\frac{1}{5}-\frac{1}{7}+\frac{1}{9}-\frac{1}{11}+\cdots$$

莱布尼茨首先推导出了这个级数,它可以用来计算 π 值:

$$\pi = 4\arctan 1 = 4\left(\frac{1}{1}-\frac{1}{3}+\frac{1}{5}-\frac{1}{7}+\frac{1}{9}-\frac{1}{11}+\cdots\right) \tag{2.48}$$

当 $x=\frac{\pi}{6}=30^\circ$时,$\tan 30^\circ=\frac{\sqrt{3}}{3}$,即 $t=\frac{\sqrt{3}}{3}$,那么

$$\frac{\pi}{6}=\arctan\frac{\sqrt{3}}{3}=\frac{\sqrt{3}}{3}-\frac{1}{3}\left(\frac{\sqrt{3}}{3}\right)^3+\frac{1}{5}\left(\frac{\sqrt{3}}{3}\right)^5-\frac{1}{7}\left(\frac{\sqrt{3}}{3}\right)^7+\frac{1}{9}\left(\frac{\sqrt{3}}{3}\right)^9-\cdots$$

$$=\frac{\sqrt{3}}{3}-\frac{\sqrt{3}}{3\cdot 3^2}+\frac{\sqrt{3}}{5\cdot 3^3}-\frac{\sqrt{3}}{7\cdot 3^4}+\frac{\sqrt{3}}{9\cdot 3^5}-\cdots$$

因此

$$\pi = 6\left(\frac{\sqrt{3}}{3} - \frac{\sqrt{3}}{3 \cdot 3^2} + \frac{\sqrt{3}}{5 \cdot 3^3} - \frac{\sqrt{3}}{7 \cdot 3^4} + \frac{\sqrt{3}}{9 \cdot 3^5} - \cdots\right)$$

或

$$\pi = 6\sqrt{3}\left(\frac{1}{3} - \frac{1}{3 \cdot 3^2} + \frac{1}{5 \cdot 3^3} - \frac{1}{7 \cdot 3^4} + \frac{1}{9 \cdot 3^5} - \cdots\right) \quad (2.49)$$

你可以看到,(2.49)式能比(2.48)式以更快的速度计算 π 值.从前就曾用这个公式计算 π 值.

有了反正切函数值,用公式 $\arctan t + \operatorname{arccot} t = \frac{\pi}{2}$,就可得到反余切函数 $\operatorname{arccot} t$ 之值,即

$$\operatorname{arccot} t = \frac{\pi}{2} - \arctan t \quad (2.50)$$

2. 反正弦函数和反余弦函数

(1) 反正弦函数 $\arcsin x$

使用公式 $\arcsin x = \arctan \frac{x}{\sqrt{1-x^2}}$,有

$$\begin{aligned}
\arcsin x &= \arctan \frac{x}{\sqrt{1-x^2}} \\
&= \frac{x}{\sqrt{1-x^2}} - \frac{1}{3}\left(\frac{x}{\sqrt{1-x^2}}\right)^3 + \frac{1}{5}\left(\frac{x}{\sqrt{1-x^2}}\right)^5 \\
&\quad - \frac{1}{7}\left(\frac{x}{\sqrt{1-x^2}}\right)^7 + \frac{1}{9}\left(\frac{x}{\sqrt{1-x^2}}\right)^9 - \cdots \\
&= x(1-x^2)^{-\frac{1}{2}} - \frac{x^3}{3}(1-x^2)^{-\frac{3}{2}} + \frac{x^5}{5}(1-x^2)^{-\frac{5}{2}} \\
&\quad - \frac{x^7}{7}(1-x^2)^{-\frac{7}{2}} + \frac{x^9}{9}(1-x^2)^{-\frac{9}{2}} - \cdots
\end{aligned} \quad (2.51)$$

应用负指数的二项式公式

$$\begin{aligned}
(1-x)^{-m} &= 1 + mx + \frac{m(m+1)}{2!}x^2 + \frac{m(m+1)(m+2)}{3!}x^3 + \cdots \\
&\quad + \frac{m(m+1)\cdots(m+k-1)}{k!}x^k + \cdots
\end{aligned} \quad (2.52)$$

此处 m 可以是任意实数,当然可以是分数.

因此,把(2.51)式中的二项式按(2.52)式展开,得

$$\begin{aligned}
\arcsin x = & x\left[1+\frac{1}{2}x^2+\frac{\frac{1}{2}\left(\frac{1}{2}+1\right)}{2!}x^4+\frac{\frac{1}{2}\left(\frac{1}{2}+1\right)\left(\frac{1}{2}+2\right)}{3!}x^6\right. \\
& \left.+\frac{\frac{1}{2}\left(\frac{1}{2}+1\right)\left(\frac{1}{2}+2\right)\left(\frac{1}{2}+3\right)}{4!}x^8\right]+\cdots \\
& -\frac{x^3}{3}\left[1+\frac{3}{2}x^2+\frac{\frac{3}{2}\left(\frac{3}{2}+1\right)}{2!}x^4+\frac{\frac{3}{2}\left(\frac{3}{2}+1\right)\left(\frac{3}{2}+2\right)}{3!}x^6\right. \\
& \left.+\frac{\frac{3}{2}\left(\frac{3}{2}+1\right)\left(\frac{3}{2}+2\right)\left(\frac{3}{2}+3\right)}{4!}x^8\right]+\cdots \\
& +\frac{x^5}{5}\left[1+\frac{5}{2}x^2+\frac{\frac{5}{2}\left(\frac{5}{2}+1\right)}{2!}x^4+\frac{\frac{5}{2}\left(\frac{5}{2}+1\right)\left(\frac{5}{2}+2\right)}{3!}x^6\right. \\
& \left.+\frac{\frac{5}{2}\left(\frac{5}{2}+1\right)\left(\frac{5}{2}+2\right)\left(\frac{5}{2}+3\right)}{4!}x^8\right]+\cdots \\
& -\frac{x^7}{7}\left[1+\frac{7}{2}x^2+\frac{\frac{7}{2}\left(\frac{7}{2}+1\right)}{2!}x^4+\frac{\frac{7}{2}\left(\frac{7}{2}+1\right)\left(\frac{7}{2}+2\right)}{3!}x^6\right. \\
& \left.+\frac{\frac{7}{2}\left(\frac{7}{2}+1\right)\left(\frac{7}{2}+2\right)\left(\frac{7}{2}+3\right)}{4!}x^8\right]+\cdots \\
& +\frac{x^9}{9}\left[1+\frac{9}{2}x^2+\frac{\frac{9}{2}\left(\frac{9}{2}+1\right)}{2!}x^4+\frac{\frac{9}{2}\left(\frac{9}{2}+1\right)\left(\frac{9}{2}+2\right)}{3!}x^6\right. \\
& \left.+\frac{\frac{9}{2}\left(\frac{9}{2}+1\right)\left(\frac{9}{2}+2\right)\left(\frac{9}{2}+3\right)}{4!}x^8\right]+\cdots
\end{aligned} \tag{2.53}$$

我们把(2.53)式按 x 的幂次整理后,得

$$\begin{aligned}\arcsin x &= x+\frac{1}{2}x^3+\frac{3}{8}x^5+\frac{15}{48}x^7+\frac{105}{394}x^9+\cdots\\ &\quad -\frac{1}{3}x^3-\frac{1}{2}x^5-\frac{5}{8}x^7-\frac{35}{48}x^9-\cdots\\ &\quad +\frac{1}{5}x^5+\frac{1}{2}x^7+\frac{7}{8}x^9+\cdots\\ &\quad -\frac{1}{7}x^7-\frac{1}{2}x^9-\cdots\\ &\quad +\frac{1}{9}x^9+\cdots \end{aligned}\tag{2.54}$$

因此

$$\arcsin x = x+\frac{1}{6}x^3+\frac{3}{40}x^5+\frac{5}{112}x^7+\frac{35}{1152}x^9+\cdots\tag{2.55}$$

从(2.55)式的各项可以拟合出一个通项

$$\frac{(2n)!}{2^{2n}(n!)^2(2n+1)}x^{2n+1}$$

于是我们可以把(2.55)式写成

$$\begin{aligned}\arcsin x &= x+\frac{1}{6}x^3+\frac{3}{40}x^5+\frac{5}{112}x^7+\cdots\\ &\quad +\frac{(2n)!}{2^{2n}(n!)^2(2n+1)}x^{2n+1}+\cdots\end{aligned}\tag{2.56}$$

写成总和的形式为

$$\arcsin x = \sum_{n=0}^{\infty}\frac{(2n)!}{2^{2n}(n!)^2(2n+1)}x^{2n+1}\quad\left(x^2<1,-\frac{\pi}{2}<\arcsin x<\frac{\pi}{2}\right)\tag{2.57}$$

(2) 反余弦函数 arccos x

反余弦函数的无穷级数展开式为

$$\begin{aligned}\arccos x &= \frac{\pi}{2}-\arcsin x\\ &= \frac{\pi}{2}-\sum_{n=0}^{\infty}\frac{(2n)!}{2^{2n}(n!)^2(2n+1)}x^{2n+1}\end{aligned}\tag{2.58}$$

上述内容,我们是用初等数学的方法来推导无穷级数的.这种方法是数学大师欧拉使用的,本书就是采用欧拉的方法推演初等函数的无穷级数展开的.有兴趣的读者可参看欧拉所著《无穷分析引论》,国内有张延伦译本,山西教育出版社 1997 年出版、哈尔滨工业大学出版社 2019 年出版.

下面我们要用微积分的方法来推导初等函数的无穷级数展开.这里我们想多说几句关于初等数学和高等数学的话题.简言之,初等数学是常量数学,而属于高等数学的微积分则是变量数学.同学们在中学时代学的代数,例如解一个代数方程,得到的是一个确定的常数;而在大学里学高等数学时,解一个微分方程或积分方程,得到的是一个函数.而函数在一般情况下,就不是一个确定的数了,而是随自变量变化的一系列数或一条曲线.

2.2 泰勒(Taylor)的方法——泰勒级数及其应用

2.2.1 泰勒公式

若 $P(x)$是 n 次整多项式:

$$P(x) = a_0 + a_1 x + a_2 x^2 + a_3 x^3 + \cdots + a_n x^n \tag{2.59}$$

对 $P(x)$逐次微分 n 次,有

$$P'(x) = a_1 + 2a_2 x + 3a_3 x^2 + \cdots + na_n x^{n-1}$$

$$P''(x) = 1 \cdot 2a_2 + 2 \cdot 3a_3 x + \cdots + (n-1)na_n x^{n-2}$$

$$P'''(x) = 1 \cdot 2 \cdot 3a_3 + \cdots + (n-2)(n-1)na_n x^{n-3}$$

$$\cdots$$

$$P^{(n)}(x) = 1 \cdot 2 \cdot 3 \cdot 4 \cdot \cdots \cdot na_n$$

在上述各级微商中,令 $x=0$,则有

$$P(0) = a_0, \quad a_0 = P(0)$$

$$P'(0)=1!a_1,\quad a_1=\frac{P'(0)}{1!}$$

$$P''(0)=1\cdot 2a_2,\quad a_2=\frac{P''(0)}{2!}$$

$$P'''(0)=1\cdot 2\cdot 3a_3,\quad a_3=\frac{P'''(0)}{3!}$$

$$P^{(4)}(0)=1\cdot 2\cdot 3\cdot 4a_4,\quad a_4=\frac{P^{(4)}(0)}{4!}$$

$$P^{(5)}(0)=1\cdot 2\cdot 3\cdot 4\cdot 5a_5,\quad a_5=\frac{P^{(5)}(0)}{5!}$$

$$\cdots$$

$$P^{(n)}(0)=1\cdot 2\cdot 3\cdot\cdots\cdot na_n,\quad a_n=\frac{P^{(n)}(0)}{n!}$$

按照一般习惯，高于3次的微商（或导数）的写法，都在函数符号的右上角用圆括号里的数字来表示，如 $P^{(5)}(x)$ 表示函数 $P(x)$ 的5次微商（或导数）.

以上式子是多项式 $P(x)$ 及其导数在 $x=0$ 处的数值，把 $a_0,a_1,a_2,a_3,\cdots$ 代入(2.59)式，得

$$P(x)=P(0)+\frac{P'(0)}{1!}x+\frac{P''(0)}{2!}x^2+\frac{P'''(0)}{3!}x^3+\cdots+\frac{P^{(n)}(0)}{n!}x^n \tag{2.60}$$

(2.60)式称作**泰勒公式**.

若用 $x-x_0$ 代替 x，并在 x_0 处取导数，则

$$P(x)=P(x_0)+\frac{P'(x_0)}{1!}(x-x_0)+\frac{P''(x_0)}{2!}(x-x_0)^2+\frac{P'''(x_0)}{3!}(x-x_0)^3+\cdots+\frac{P^{(n)}(x_0)}{n!}(x-x_0)^n \tag{2.61}$$

(2.61)式也称作泰勒公式.

若给定函数 $f(x)$ 的各阶微商都存在，则对于任何 n 值（特别是当 $n\to\infty$ 时），都可以写出泰勒公式：

$$f(x)=f(x_0)+\frac{f'(x_0)}{1!}(x-x_0)+\frac{f''(x_0)}{2!}(x-x_0)^2$$

$$+\frac{f'''(x_0)}{3!}(x-x_0)^3+\cdots+\frac{f^{(n)}(x_0)}{n!}(x-x_0)^n$$
$$+\cdots+R_n(x) \tag{2.62}$$

当 $n\to\infty$ 时,(2.62)式就是无穷级数,称泰勒级数,其中

$$a_0=f(x_0),\quad a_1=\frac{f'(x_0)}{1!},\quad a_2=\frac{f''(x_0)}{2!},$$
$$a_3=\frac{f'''(x_0)}{3!},\quad \cdots,\quad a_n=\frac{f^{(n)}(x_0)}{n!}$$

叫作泰勒系数,$R_n(x)$称作泰勒级数的余项,可表示为

$$R_n(x)=\frac{f^{(n+1)}(\xi)}{(n+1)!}(x-x_0)^{n+1}$$

这里,$\xi=x_0+\theta(x-x_0)(0<\theta<1)$.

当 $x_0=0$ 时的泰勒级数,又叫作麦克劳林(B. Maclaurin)级数:

$$f(x)=f(0)+\frac{f'(0)}{1!}x+\frac{f''(0)}{2!}x^2+\frac{f'''(0)}{3!}x^3+\cdots+\frac{f^{(n)}(0)}{n!}x^n+\cdots$$
$$+R_n(x) \tag{2.63}$$

或写成总和形式:

$$f(x)=\sum_{n=0}^{\infty}\frac{f^{(n)}(0)}{n!}x^n \tag{2.64}$$

(2.62)式或(2.63)式成立的充要条件是当 $n\to\infty$ 时,$R_n(x)=0$.

2.2.2 泰勒公式的应用——初等函数的泰勒展开

本小节讨论初等函数用泰勒公式展开成无穷级数的方法.

1. 指数函数与对数函数

(1) 指数函数

令 $f(x)=e^x$,则有 $f^{(k)}(x)=e^x(k=1,2,3,\cdots)$,且

$$f(0)=e^0=1,\quad f'(0)=f''(0)=f'''(0)=f^{(k)}(0)=1$$

由泰勒公式(2.63),得到

$$e^x=1+\frac{x}{1!}+\frac{x^2}{2!}+\frac{x^3}{3!}+\cdots+\frac{x^n}{n!}+\cdots \tag{2.65}$$

写成总和形式：

$$e^x = \sum_{n=0}^{\infty} \frac{x^n}{n!} \quad (|x| < \infty)$$

当 $x=1$ 时

$$e = 1 + \frac{1}{1!} + \frac{1}{2!} + \frac{1}{3!} + \cdots + \frac{1}{n!} + \cdots \tag{2.66}$$

写成总和形式：

$$e = \sum_{n=0}^{\infty} \frac{1}{n!}$$

(2) 对数函数

令 $f(x) = \ln(1+x)$，则

$$f(0) = \ln 1 = 0$$

$$f'(0) = \lim_{x \to 0} [\ln(1+x)]' = \lim_{x \to 0} \frac{1}{1+x} = 1$$

$$f''(0) = \lim_{x \to 0} [(1+x)^{-1}]' = \lim_{x \to 0} (-1)(1+x)^{-2} = -1$$

$$f'''(0) = \lim_{x \to 0} (-1)(-2)(1+x)^{-3} = 2$$

$$f^{(4)}(0) = \lim_{x \to 0} (-1)(-2)(-3)(1+x)^{-4} = -3! = -6$$

…

$$f^{(k)}(0) = \lim_{x \to 0} (-1)(-2)(-3)\cdots(1-k)(1+x)^{-k}$$

$$= (-1)^{(k-1)}(k-1)!$$

把上列关于函数 $f(x) = \ln(1+x)$ 在 $x=0$ 处的各次导数值代入(2.62)式，得到

$$\ln(1+x) = 0 + \frac{1}{1!}x - \frac{1}{2!}x^2 + \frac{2}{3!}x^3 - \frac{6}{4!}x^4 + \cdots$$

$$+ (-1)^{(k-1)} \frac{(k-1)!}{k!} x^k + \cdots$$

$$= x - \frac{1}{2}x^2 + \frac{1}{3}x^3 - \frac{1}{4}x^4 + \cdots + (-1)^{(k-1)} \frac{1}{k}x^k + \cdots \tag{2.67}$$

写成总和形式：

$$\ln(1+x) = \sum_{k=1}^{\infty} (-1)^{(k+1)} \frac{x^k}{k} \quad (-1 < x \leqslant 1)$$

当 $x=1$ 时,就得 $\ln 2$,因此

$$\ln 2=1-\frac{1}{2}+\frac{1}{3}-\frac{1}{4}+\frac{1}{5}-\frac{1}{6}+\cdots=\sum_{k=1}^{\infty}(-1)^{k+1}\frac{1}{k}$$

对于函数 $f(x)=\ln x$,因为 $f(0)=\ln 0=-\infty$,所以不能直接用泰勒公式展开,但可以把它变成 $f(x)=\ln x=\ln[1+(x-1)]$,这样,我们就可以把括号中的 $x-1$ 代替(2.67)式中的 x,因此

$$\begin{aligned}\ln x&=\ln[1+(x-1)]\\&=(x-1)-\frac{1}{2}(x-1)^2+\frac{1}{3}(x-1)^3-\frac{1}{4}(x-1)^4\\&\quad+\cdots+(-1)^{k-1}\frac{(x-1)^k}{k}+\cdots\end{aligned}\tag{2.68}$$

写成总和形式:

$$\ln x=\sum_{k=1}^{\infty}(-1)^{k+1}\frac{(x-1)^k}{k}\quad(0<x\leqslant 2)$$

2. 三角函数与反三角函数

(1) 三角函数

① 正弦函数 $\sin x$

令 $f(x)=\sin x$,则

$$f(0)=\sin 0=0$$

$$f'(x)=(\sin x)'=\cos x=\sin\left(x+\frac{\pi}{2}\right)$$

$$f''(x)=(\sin x)''=(\cos x)'=\sin\left(x+\frac{\pi}{2}+\frac{\pi}{2}\right)=\sin(x+\pi)$$

$$f'''(x)=(\sin x)'''=(\cos x)''=\sin\left(x+\frac{\pi}{2}+\frac{\pi}{2}+\frac{\pi}{2}\right)=\sin\left(x+3\cdot\frac{\pi}{2}\right)$$

$$f^{(4)}(x)=(\sin x)^{(4)}=(\cos x)'''=\sin\left(x+4\cdot\frac{\pi}{2}\right)=\sin(x+2\pi)$$

$\cdots$

$$f^{(k)}(x)=(\sin x)^{(k)}=\frac{\mathrm{d}^{(k)}}{\mathrm{d}x^{(k)}}(\sin x)=\sin\left(x+k\cdot\frac{\pi}{2}\right)\tag{2.69}$$

从(2.69)式看到,当 k 为偶数时,在 $x=0$ 处的值为 0;当 k 为奇数时,在 $x=0$ 处的值为 1 或 -1. 因此

$$f(0) = \sin 0 = 0, \quad f^{(2m)}(0) = \sin(m\pi) = 0$$

$$f^{(2m-1)}(0) = \sin\left[0 + (2m-1)\frac{\pi}{2}\right] = \sin\left(m\pi - \frac{\pi}{2}\right) = (-1)^{m-1}$$

把 $\sin x$ 的各次导数代入泰勒公式(2.63),就得到

$$\sin x = \frac{x}{1!} - \frac{x^3}{3!} + \frac{x^5}{5!} - \frac{x^7}{7!} + \cdots + (-1)^{k-1}\frac{x^{2k-1}}{(2k-1)!} + \cdots \tag{2.70}$$

写成总和形式:

$$\sin x = \sum_{k=1}^{\infty} (-1)^{k-1}\frac{x^{2k-1}}{(2k-1)!} \quad (|x| < \infty)$$

这里要再一次提醒读者,公式中的 x 是用弧度计算的.

例 2.1 用泰勒公式计算 $\sin 10^\circ$,精度 10^{-5}.

$$x = 10^\circ = 10 \cdot \frac{2\pi}{360} = \frac{\pi}{18} = 0.174533\cdots(\text{弧度})$$

把 $x = 0.174533\cdots$(弧度)代入公式

$$\sin x = \frac{x}{1!} - \frac{x^3}{3!} + \frac{x^5}{5!} - \frac{x^7}{7!} + \cdots + (-1)^{k-1}\frac{x^{2k-1}}{(2k-1)!} + \cdots$$

则

$$\begin{aligned} \sin 10^\circ &= \sin 0.174533\cdots \\ &\approx 0.174533 - \frac{0.174533^3}{6} + \frac{0.174533^5}{120} - \cdots \\ &\approx 0.174533 - 0.000886 + 0.000001 - \\ &\approx 0.173648 \end{aligned}$$

查三角函数表,得到

$$\sin 10^\circ = 0.173648$$

小数点后六位都是正确的,好于精度 10^{-5}. 这里我们只取了前三项. 这个例题告诉我们,对小角度的正弦和余弦函数做近似计算时,只要计算展开公式的前三四项就够了.

② 余弦函数 $\cos x$

令 $f(x) = \cos x$,则

$$f(0)=\cos 0=1$$

$$f'(x)=(\cos x)'=-\sin x=-\cos\left(x+\frac{\pi}{2}\right)$$

$$f''(x)=(\cos x)''=(-\sin x)'=-\cos\left(x+\frac{\pi}{2}+\frac{\pi}{2}\right)$$

$$=-\cos(x+\pi)$$

$$f'''(x)=(\cos x)'''=(-\sin x)''=-\cos\left(x+\frac{\pi}{2}+\frac{\pi}{2}+\frac{\pi}{2}\right)$$

$$=-\cos\left(x+3\cdot\frac{\pi}{2}\right)$$

$$f^{(4)}(x)=(-\sin x)'''=-\cos\left(x+3\frac{\pi}{2}+\frac{\pi}{2}\right)=-\cos(x+2\pi)$$

通式

$$f^{(k)}(x)=(\cos x)^{(k)}=\frac{\mathrm{d}^{(k)}}{\mathrm{d}x^{(k)}}\cos x=-\cos\left(x+k\cdot\frac{\pi}{2}\right)$$

余弦函数在 $x=0$ 处取微商：当 k 为奇数时，在 $x=0$ 处的值为 0；当 k 为偶数时，在 $x=0$ 处的值为 1 或 -1. 因此

$$f(0)=\cos 0=1$$

$$f^{(2k)}(0)=-\cos k\pi=(-1)^{k+1}$$

$$f^{(2k-1)}(0)=-\cos\frac{k\pi}{2}=0$$

把所有在 $x=0$ 处的导数代入(2.62)式，得到

$$\cos x=1-\frac{x^2}{2!}+\frac{x^4}{4!}-\frac{x^6}{6!}+\cdots+(-1)^k\frac{x^{2k}}{(2k)!}+\cdots \quad (2.71)$$

写成总和形式：

$$\cos x=\sum_{k=0}^{\infty}(-1)^k\frac{x^{2k}}{(2k)!}\quad(|x|<\infty)$$

③ 正切函数

令 $f(x)=\tan x$，当 $x=0$ 时，$f(0)=0$，

$$f'(x)=(\tan x)'=\left(\frac{\sin x}{\cos x}\right)'=\frac{1}{\cos^2 x},\quad f'(0)=1$$

$$f''(x)=(\tan x)''=\left(\frac{1}{\cos^2 x}\right)'=\frac{2\sin x}{\cos^3 x},\quad f''(0)=0$$

$$f'''(x) = (\tan x)''' = 2\left(\frac{\sin x}{\cos^3 x}\right)' = 2\frac{1+2\sin^2 x}{\cos^4 x}, \quad f'''(0) = 2$$

$$f^{(4)}(x) = (\tan x)^{(4)} = 8\frac{2\sin x + \sin^3 x}{\cos^5 x}, \quad f^{(4)}(0) = 0$$

$$f^{(5)}(x) = (\tan x)^{(5)} = 8\frac{2 + 11\sin^2 x + 2\sin^4 x}{\cos^6 x}, \quad f^{(5)}(0) = 16$$

$$f^{(6)}(x) = (\tan x)^{(6)} = 8\frac{34\sin x + 52\sin^3 x + 4\sin^5 x}{\cos^7 x}, \quad f^{(6)}(0) = 0$$

$$\begin{aligned} f^{(7)}(x) &= (\tan x)^{(7)} \\ &= 8\frac{34 + 360\sin^2 x + 228\sin^4 x + 8\sin^6 x}{\cos^8 x}, \quad f^{(7)}(0) = 272 \end{aligned}$$

…

把 $\tan x$ 的各级导数代入泰勒公式(2.63),得到

$$\begin{aligned} \tan x &= 0 + \frac{1}{1!}x + 0 + \frac{2}{3!}x^3 + 0 + \frac{16}{5!}x^5 + 0 + \frac{272}{7!}x^7 + \cdots \\ &= x + \frac{1}{3}x^3 + \frac{2}{15}x^5 + \frac{17}{315}x^7 + \cdots \end{aligned} \tag{2.72}$$

可以用这种求高阶导数的方法一直做下去,但工作量很大.所以人们用伯努利数造出一个通项公式:

$$(-1)^{n-1}\frac{2^{2n}(2^{2n}-1)B_{2n}}{(2n)!}x^{2n-1}$$

如 $n=3, 2n=6, B_6=\frac{1}{42}, (-1)^{3-1}\frac{2^6(2^6-1)}{6!}\frac{1}{42}=\frac{2}{15}$.

有了这个通式,就可以把 $\tan x$ 的无穷级数展开式写出来了.现在我们用通式把 $\tan x$ 的无穷级数展开式写成总和形式:

$$\tan x = \sum_{n=1}^{\infty}(-1)^{n-1}\frac{2^{2n}(2^{2n}-1)B_{2n}}{(2n)!}x^{2n-1} \quad \left(x^2 < \frac{\pi}{4}\right) \tag{2.73}$$

因为伯努利数在许多数学手册、积分表中都可查到,所以使用起来是很方便的.

④ 余切函数 $\cot x$

关于余切函数 $\cot x$ 的无穷级数展开,方法与正切函数相同,也是把 $\cot x$ 的各阶导数求出来,并在 $x=0$ 处取值,代入泰勒公式(2.63),就得

到 cot x 的无穷级数的展开式了.现把它用总和的形式给出如下：

$$\cot x = \sum_{n=0}^{\infty}(-1)^n \frac{2^{2n}B_{2n}}{(2n)!}x^{2n-1} \quad (0 < x^2 < \pi^2) \tag{2.74}$$

⑤ 正割函数 sec x

令 $f(x) = \sec x = \dfrac{1}{\cos x}$，当 $x = 0$ 时，$\sec x = 1$，

$$f'(x) = (\sec x)' = \left(\frac{1}{\cos x}\right)' = \frac{\sin x}{\cos^2 x}, \quad f'(0) = 0$$

$$f''(x) = (\sec x)'' = \left(\frac{\sin x}{\cos^2 x}\right)' = \frac{1 + \sin^2 x}{\cos^3 x}, \quad f''(0) = 1$$

$$f'''(x) = (\sec x)''' = \left(\frac{1 + \sin^2 x}{\cos^3 x}\right)' = \frac{5\sin x + \sin^3 x}{\cos^4 x}, \quad f'''(0) = 0$$

$$f^{(4)}(x) = (\sec x)^{(4)} = \frac{5 + 18\sin^2 x + \sin^4 x}{\cos^5 x}, \quad f^{(4)}(0) = 5$$

$$f^{(5)}(x) = (\sec x)^{(5)} = \frac{61\sin x + 58\sin^3 x + \sin^5 x}{\cos^6 x}, \quad f^{(5)}(0) = 0$$

$$\begin{aligned} f^{(6)}(x) &= (\sec x)^{(6)} \\ &= \frac{61 + 479\sin^2 x + 179\sin^4 x + \sin^6 x}{\cos^7 x}, \quad f^{(6)}(0) = 61 \end{aligned}$$

…

因此可写出正割函数 sec x 的无穷级数展开式：

$$\begin{aligned} \sec x = f(x) &= f(0) + \frac{f'(0)}{1!}x + \frac{f''(0)}{2!}x^2 + \frac{f'''(0)}{3!}x^3 + \frac{f^{(4)}(0)}{4!}x^4 \\ &\quad + \frac{f^{(5)}(0)}{5!}x^5 + \frac{f^{(6)}(0)}{6!}x^6 + \cdots \\ &= 1 + 0 + \frac{1}{2}x^2 + 0 + \frac{5}{4!}x^4 + 0 + \frac{61}{6!}x^6 + \cdots \\ &= 1 + \frac{1}{2}x^2 + \frac{5}{24}x^4 + \frac{61}{720}x^6 + \cdots \end{aligned} \tag{2.75}$$

人们用欧拉数 E_{2n} 造一个通项：

$$(-1)^n \frac{E_{2n}}{(2n)!}x^{2n}$$

那么，正割函数的无穷级数展开为

$$\sec x = \sum_{n=0}^{\infty} (-1)^n \frac{E_{2n}}{(2n)!} x^{2n} \quad \left(|x| < \frac{\pi}{2}\right) \tag{2.76}$$

⑥ 余割函数

用同样的方法，可得到余割函数 $\csc x$ 的无穷级数展开：

$$\csc x = \frac{1}{x} + \frac{1}{6}x + \frac{7}{360}x^3 + \frac{31}{15120}x^5 + \cdots \tag{2.77}$$

引入伯努利数，可把该式写成

$$\csc x = \sum_{n=0}^{\infty} (-1)^{n+1} \frac{2(2^{2n-1}-1)B_{2n}}{(2n)!} x^{2n-1} \quad (0 < |x| < \pi) \tag{2.78}$$

（2）反三角函数

反三角函数的展开式有点复杂，主要是多项式的除法运算起来很麻烦.我们现在换一种方法.如果我们能求出一个函数的展开式的通式，那么问题就解决了.

这里我们先介绍一个莱布尼茨公式，它对求两个函数乘积的高阶导数很有用.

设有两个函数 $u(x)$和 $v(x)$，它们都是变量 x 的可微分的函数.它们的乘积为 $u(x) \cdot v(x)$，求它的 n 阶导数，可用莱布尼茨公式：

$$\begin{aligned}\frac{\mathrm{d}^n}{\mathrm{d}x^n}(u \cdot v) = &\binom{n}{0}\frac{\mathrm{d}^0 u}{\mathrm{d}x^0} \cdot \frac{\mathrm{d}^n v}{\mathrm{d}x^n} + \binom{n}{1}\frac{\mathrm{d}u}{\mathrm{d}x} \cdot \frac{\mathrm{d}^{n-1} v}{\mathrm{d}x^{n-1}} + \binom{n}{2}\frac{\mathrm{d}^2 u}{\mathrm{d}x^2} \cdot \frac{\mathrm{d}^{n-2} v}{\mathrm{d}x^{n-2}} \\ &+ \binom{n}{3}\frac{\mathrm{d}^3 u}{\mathrm{d}x^3} \cdot \frac{\mathrm{d}^{n-3} v}{\mathrm{d}x^{n-3}} + \cdots + \binom{n}{n-1}\frac{\mathrm{d}^{n-1} u}{\mathrm{d}x^{n-1}} \cdot \frac{\mathrm{d}v}{\mathrm{d}x} \\ &+ \binom{n}{n}\frac{\mathrm{d}^n u}{\mathrm{d}x^n} \cdot \frac{\mathrm{d}^0 v}{\mathrm{d}x^0}\end{aligned} \tag{2.79}$$

或写成

$$\frac{\mathrm{d}^n}{\mathrm{d}x^n}(u \cdot v) = \sum_{k=0}^{n} \binom{n}{k} u^{(k)} v^{(n-k)} \tag{2.80}$$

这里的函数 $u(x)$ 和 $v(x)$都是变量 x 的可微分的函数，并规定

$$\frac{\mathrm{d}^0 u}{\mathrm{d}x^0} = u^{(0)} = u, \quad \frac{\mathrm{d}^0 v}{\mathrm{d}x^0} = v^{(0)} = v$$

① 反正切函数 $\arctan x$ 及反余切函数 $\operatorname{arccot} x$

令 $\arctan x = y$，则

$$y' = (\arctan x)' = \frac{1}{1+x^2}$$

因此有

$$(1+x^2) \cdot y' = 1 \tag{2.81}$$

设 $u=1+x^2$, $v=y'$,用莱布尼茨公式(2.79)对方程(2.81)两边求 n 阶导数,方程左边为

$$\begin{aligned}\frac{\mathrm{d}^n}{\mathrm{d}x^n}[(1+x^2)\cdot y'] &= \binom{n}{0}\frac{\mathrm{d}^0}{\mathrm{d}x^0}(1+x^2)\cdot(y')^{(n)} \\ &\quad + \binom{n}{1}\frac{\mathrm{d}}{\mathrm{d}x}(1+x^2)\cdot(y')^{(n-1)} \\ &\quad + \binom{n}{2}\frac{\mathrm{d}^2}{\mathrm{d}x^2}(1+x^2)\cdot(y')^{(n-2)} \\ &= 1\cdot(1+x^2)\cdot y^{(n+1)} + n\cdot 2x\cdot y^{(n)} \\ &\quad + n(n-1)\cdot y^{(n-1)}\end{aligned}$$

方程右边的导数为0,即

$$(1+x^2)\cdot y^{(n+1)} + 2nx\cdot y^{(n)} + n(n-1)\cdot y^{(n-1)} = 0$$

在 $x=0$ 处,有

$$y_0^{(n+1)} + n(n-1)y_0^{(n-1)} = 0$$

因此得到

$$y_0^{(n+1)} = -n(n-1)y_0^{(n-1)} \tag{2.82}$$

这就是 y(即 $\arctan x$)的级数展开的递推公式.

由 $y'=(\arctan x)'=\dfrac{1}{1+x^2}$ 知:

当 $x=0$ 时,

$$y'_0 = 1$$

当 $n=1$ 时,

$$y''_0 = -1(1-1)y_0^0 = 0$$

当 $n=2$ 时,

$$y'''_0 = -2(2-1)y'_0 = -2$$

当 $n=3$ 时,

$$y_0^{(4)} = -3(3-1)y_0^{(3-1)} = -6y_0'' = 0$$

当 $n=4$ 时，

$$y_0^{(5)} = -4(4-1)y_0^{(4-1)} = -12y_0''' = -12\cdot(-2) = 24$$

当 $n=5$ 时，

$$y_0^{(6)} = -5(5-1)y_0^{(4)} = 0$$

当 $n=6$ 时，

$$y_0^{(7)} = -6(6-1)y_0^{(5)} = -30\times 24 = -720$$

当 $n=7$ 时，

$$y_0^{(8)} = -7(7-1)y_0^{(6)} = 0$$

当 $n=8$ 时，

$$y_0^{(9)} = -8(8-1)y_0^{(7)} = -56\times(-720) = 40320$$

当 $n=9$ 时，

$$y_0^{(10)} = -9(9-1)y_0^{(8)} = 0$$

当 $n=10$ 时，

$$y_0^{(11)} = -10(10-1)y_0^{(9)} = -90\times 40320 = -3628800$$

把上述反正切函数的各阶导数代入泰勒公式(2.63)，得到

$$\begin{aligned}\arctan x &= \frac{1}{1!}x - \frac{2}{3!}x^3 + \frac{24}{5!}x^5 - \frac{720}{7!}x^7 + \frac{40320}{9!}x^9 - \frac{3628800}{11!}x^{11} + \cdots \\ &= x - \frac{1}{3}x^3 + \frac{1}{5}x^5 - \frac{1}{7}x^7 + \frac{1}{9}x^9 - \frac{1}{11}x^{11} + \cdots \end{aligned} \tag{2.83}$$

写成总和形式：

$$\arctan x = \sum_{n=0}^{\infty}(-1)^n\frac{x^{2n+1}}{2n+1} \quad (x^2<1) \tag{2.84}$$

反余切函数 arccot *x* 的无穷级数展开

因为

$$\arctan x + \operatorname{arccot} x = \frac{\pi}{2}$$

所以反余切函数

$$\operatorname{arccot} x = \frac{\pi}{2} - \left(x - \frac{1}{3}x^3 + \frac{1}{5}x^5 - \frac{1}{7}x^7 + \frac{1}{9}x^9 - \frac{1}{11}x^{11} + \cdots\right) \quad (x^2<1) \tag{2.85}$$

② 反正弦函数 arcsin x 及反余弦函数 arccos x

令 $y=\arcsin x$,则 $y'=(\arcsin x)'=\dfrac{1}{\sqrt{1-x^2}}$,把它写成

$$y'\cdot\sqrt{1-x^2}=1$$

两边平方,得

$$(y')^2\cdot(1-x^2)=1$$

两边取导数,得

$$2y'y''(1-x^2)+(y')^2(-2x)=0$$

即

$$2y'y''(1-x^2)-2x(y')^2=0$$

或

$$y''(1-x^2)-xy'=0 \tag{2.86}$$

利用莱布尼茨公式对方程左边取 n 次导数,得

$$\frac{\mathrm{d}^n}{\mathrm{d}x^n}[y''(1-x^2)-xy']=\frac{\mathrm{d}^n}{\mathrm{d}x^n}[y''(1-x^2)]-\frac{\mathrm{d}^n}{\mathrm{d}x^n}(xy')$$

其中

$$\begin{aligned}\frac{\mathrm{d}^n}{\mathrm{d}x^n}[(1-x^2)y'']=&\binom{n}{0}\frac{\mathrm{d}^0}{\mathrm{d}x^0}(1-x^2)\cdot\frac{\mathrm{d}^n}{\mathrm{d}x^n}(y'')\\&+\binom{n}{1}\frac{\mathrm{d}}{\mathrm{d}x}(1-x^2)\cdot\frac{\mathrm{d}^{n-1}}{\mathrm{d}x^{n-1}}(y'')\\&+\binom{n}{2}\frac{\mathrm{d}^2}{\mathrm{d}x^2}(1-x^2)\cdot\frac{\mathrm{d}^{n-2}}{\mathrm{d}x^{n-2}}(y'')\\=&(1-x^2)y^{(n+2)}-2nxy^{(n+1)}-n(n-1)y^{(n)}\end{aligned}$$

$$\begin{aligned}\frac{\mathrm{d}^n}{\mathrm{d}x^n}(x\cdot y')=&\binom{n}{0}\frac{\mathrm{d}^0}{\mathrm{d}x^0}x\cdot\frac{\mathrm{d}^n}{\mathrm{d}x^n}y'+\binom{n}{1}\frac{\mathrm{d}}{\mathrm{d}x}x\cdot\frac{\mathrm{d}^{n-1}}{\mathrm{d}x^{n-1}}y'\\=&x\cdot y^{(n+1)}+ny^{(n)}\end{aligned}$$

所以

$$\begin{aligned}\frac{\mathrm{d}^n}{\mathrm{d}x^n}[y''(1-x^2)-xy']&=\frac{\mathrm{d}^n}{\mathrm{d}x^n}[y''(1-x^2)]-\frac{\mathrm{d}^n}{\mathrm{d}x^n}(xy')\\&=(1-x^2)y^{(n+2)}-2nxy^{(n+1)}-n(n-1)y^{(n)}\end{aligned}$$

$$- xy^{(n+1)} - ny^{(n)}$$

$$= (1 - x^2) y^{(n+2)} - (2n + 1) xy^{(n+1)} - n^2 y^{(n)}$$

根据(2.86)式,有

$$(1 - x^2) y^{(n+2)} - (2n + 1) xy^{(n+1)} - n^2 y^{(n)} = 0$$

当 $x=0$ 时,

$$y_0^{(n+2)} = n^2 y_0^{(n)} \tag{2.87}$$

这就是反正弦函数 arcsin x 展开成无穷级数的递推公式.

按照递推公式(2.87),我们可以推导出 arcsin x 的无穷级数展开式:

当 $x=0$ 时,

$$y_0' = (\arcsin x)' = \frac{1}{\sqrt{1 - x^2}} = 1$$

由(2.87)式,得到:

当 $n=0$ 时,

$$y_0'' = 0$$

当 $n=1$ 时,

$$y_0''' = 1^2 \cdot y_0' = 1$$

当 $n=2$ 时,

$$y_0^{(4)} = 2^2 y_0'' = 0$$

当 $n=3$ 时,

$$y_0^{(5)} = 3^2 y_0''' = 9$$

当 $n=4$ 时,

$$y_0^{(6)} = 4^2 y_0^{(4)} = 0$$

当 $n=5$ 时,

$$y_0^{(7)} = 5^2 y_0^{(5)} = 5^2 \cdot 3^2 = 225$$

当 $n=6$ 时,

$$y_0^{(8)} = 6^2 y_0^{(6)} = 6^2 \times 0 = 0$$

当 $n=7$ 时,

$$y_0^{(9)} = 7^2 y_0^{(7)} = 7^2 \cdot 5^2 \cdot 3^2 = 11025$$

当 $n=8$ 时,

$$y_0^{(10)} = 8^2 y_0^{(8)} = 8^2 \times 0 = 0$$

当 $n=9$ 时，

$$y_0^{(11)} = 9^2 y_0^{(9)} = 9^2 \cdot 7^2 \cdot 5^2 \cdot 3^2 = 893025$$

……

把上述 arcsin x 的各阶导数代入泰勒公式(2.63)，得到

$$\arcsin x = y = 0 + \frac{y_0'}{1!}x + \frac{y_0'''}{3!}x^3 + \frac{y_0^{(5)}}{5!}x^5 + \frac{y_0^{(7)}}{7!}x^7 + \frac{y_0^{(9)}}{9!}x^9 + \frac{y_0^{(11)}}{11!}x^{11} + \cdots$$

$$= x + \frac{1}{3!}x^3 + \frac{9}{5!}x^5 + \frac{225}{7!}x^7 + \frac{11025}{9!}x^9 + \frac{893025}{11!}x^{11} + \cdots$$

把每项的系数化简后，得

$$\arcsin x = x + \frac{1}{6}x^3 + \frac{3}{40}x^5 + \frac{5}{112}x^7 + \frac{35}{1152}x^9 + \frac{63}{2816}x^{11} + \cdots \tag{2.88}$$

写成总和的形式：

$$\arcsin x = \sum_{n=0}^{\infty} \frac{(2n)!}{2^{2n}(n!)^2(2n+1)}x^{2n+1} \quad (|x|<1)$$

反余弦函数 arccos x 的无穷级数展开

因为

$$\arcsin x + \arccos x = \frac{\pi}{2}$$

所以

$$\arccos x = \frac{\pi}{2} - \arcsin x$$

$$= \frac{\pi}{2} - \left(x + \frac{1}{6}x^3 + \frac{3}{40}x^5 + \frac{5}{112}x^7 + \frac{35}{1152}x^9 + \frac{63}{2816}x^{11} + \cdots\right) \quad (|x|<1) \tag{2.89}$$

关于幂级数的收敛半径

无论是用泰勒公式还是用欧拉的方法，都可以把初等函数展开成幂

级数形式的无穷级数.那么这种幂级数形式的无穷级数的收敛范围多大呢？这就是我们要讲的幂级数的收敛半径.

设一个幂级数为

$$a_0 + a_1 x + a_2 x^2 + a_3 x^3 + \cdots + a_n x^n + \cdots$$

如果该级数的系数 a_n 是复数，变量 x 也是复虚数.把 x 换成 $z(z = x + \mathrm{i}y)$，则有

$$a_0 + a_1 z + a_2 z^2 + a_3 z^3 + \cdots + a_n z^n + \cdots \tag{2.90}$$

若这个级数在复平面的一点 ξ 上收敛，那么当

$$|z| < |\xi|$$

时，(2.90)式绝对收敛.

如果有一个数 $R(\geqslant 0)$，在

$$|z| < R$$

处，使(2.90)式绝对收敛，则称 R 为该级数的收敛半径.在实数的情况下，则要求

$$|x| < R$$

例如，幂级数

$$x + 2!x^2 + 3!x^3 + \cdots + n!x^n + \cdots$$

的收敛半径为 0.

又例如幂级数

$$(1 + x)^\alpha = 1 + \alpha x + \frac{\alpha(\alpha - 1)}{2}x^2 + \cdots$$

的收敛半径为 1.

再如幂级数

$$\mathrm{e}^x = 1 + x + \frac{x^2}{2} + \frac{x^3}{3} + \cdots$$

的收敛半径是 ∞，等等.

我们在前面的所有初等函数展开的无穷级数末尾都已给出它们的收敛半径，供读者参考.

3. 二项式的展开

(1) 二项式$(1+x)^m$

令 $f(x)=(1+x)^m(|x|<1)$,则

$$f(0)=1$$

$$f'(x)=m(1+x)^{m-1},\quad f'(0)=m$$

$$f''(x)=m(m-1)(1+x)^{m-2},\quad f''(0)=m(m-1)$$

$$f'''(x)=m(m-1)(m-2)(1+x)^{m-3},\quad f'''(0)=m(m-1)(m-2)$$

…

$$f^{(k)}(x)=m(m-1)(m-2)\cdots(m-k+1)(1+x)^{m-k}$$

$$f^{(k)}(0)=m(m-1)(m-2)\cdots(m-k+1)$$

把上述各阶导数代入泰勒公式(2.63),得

$$(1+x)^m=1+\frac{m}{1!}x+\frac{m(m-1)}{2!}x^2+\frac{m(m-1)(m-2)}{3!}x^3+\cdots$$
$$+\frac{m(m-1)\cdots(m-k+1)}{k!}x^k+R_m(x) \qquad (2.91)$$

当 $m\to\infty$ 时,$R_m(x)\to 0$(其中$|x|<1$).

(2) 几个特殊情形的二项式

① $\dfrac{1}{1-x}$

令 $f(x)=\dfrac{1}{1-x}=(1-x)^{-1}$,则

$$f(0)=1$$

$$f'(x)=-1\cdot(1-x)^{-2}(-1)=(1-x)^{-2},\quad f'(0)=1$$

$$f''(x)=[(1-x)^{-2}]'=-2(1-x)^{-3}(-1)=2(1-x)^{-3},\quad f''(0)=2$$

$$f'''(x)=2[(1-x)^{-3}]'=2\cdot 3\cdot(1-x)^{-4},\quad f'''(0)=3!$$

$$f^{(4)}(x)=1\cdot 2\cdot 3\cdot(-4)(1-x)^{-5}(-1)=4!(1-x)^{-5},\quad f^{(4)}(0)=4!$$

…

$$f^{(k)}(x)=k!(1-x)^{k+1},\quad f^{(k)}(0)=k!$$

把上述各阶导数代入泰勒公式(2.63),得

$$\frac{1}{1-x}=1+\frac{1!}{1!}x+\frac{2!}{2!}x^2+\frac{3!}{3!}x^3+\frac{4!}{4!}x^4+\cdots+\frac{k!}{k!}x^k+\cdots$$

$$= 1 + x + x^2 + x^3 + x^4 + \cdots + x^k + \cdots \quad (x < 1) \qquad (2.92)$$

在(2.92)式中用 x^2 代替 x，则有

$$\frac{1}{1 - x^2} = 1 + x^2 + x^4 + x^6 + x^8 + \cdots \quad (x^2 < 1)$$

② $\frac{1}{1+x}$

令 $f(x) = \frac{1}{1+x} = (1+x)^{-1}$，则

$f(0) = 1$

$f'(x) = -1 \cdot (1 + x)^{-2} = -(1 + x)^{-2}, \quad f'(0) = -1$

$f''(x) = [-(1 + x)^{-2}]'$

$\quad = (-1)(-2)(1 + x)^{-3} = 2!(1 + x)^{-3}, \quad f''(0) = 2$

$f'''(x) = (-1)(-2)(-3)(1 + x)^{-4} = -3!(1 + x)^{-4}, \quad f'''(0) = -3!$

$\cdots$

$f^{(k)}(x) = (-1)^k k!(1 + x)^{-k-1}, \quad f^{(k)}(0) = (-1)^k k!$

把上述各阶导数代入泰勒公式(2.63)，得

$$\frac{1}{1 + x} = 1 - \frac{1!}{1!}x + \frac{2!}{2!}x^2 - \frac{3!}{3!}x^3 + \cdots + (-1)^k \frac{k!}{k!}x^k + \cdots$$

或

$$\frac{1}{1 + x} = 1 - x + x^2 - x^3 + \cdots + (-1)^k x^k + \cdots \quad (x < 1)$$
$$(2.93)$$

如果(2.93)式中用 x^2 代替 x，则有

$$\frac{1}{1 + x^2} = 1 - x^2 + x^4 - x^6 + x^8 - \cdots \quad (x^2 < 1) \qquad (2.94)$$

证明如下：

令 $f(x) = \frac{1}{1 + x^2}$，则

$f(0) = 1$

$f'(x) = -\frac{2x}{(1 + x^2)^2}, \quad f'(0) = 0$

$f''(x) = \frac{-2 + 6x^2}{(1 + x^2)^3}, \quad f''(0) = -2$

$$f'''(x)=\frac{24x-24x^3}{(1+x^2)^4},\quad f'''(0)=0$$

$$f^{(4)}(x)=\frac{24-240x^2+120x^4}{(1+x^2)^5},\quad f^{(4)}(0)=24$$

$$f^{(5)}(x)=\frac{-720x+2400x^3-720x^5}{(1+x^2)^6},\quad f^{(5)}(0)=0$$

$$f^{(6)}(x)=\frac{-720+15120x^2-25200x^4+5040x^6}{(1+x^2)^7},\quad f^{(6)}(0)=-720$$

…

把上述各阶导数代入泰勒公式(2.63),得

$$f(x)=f(0)+\frac{f'(0)}{1!}x+\frac{f''(0)}{2!}x^2+\frac{f'''(0)}{3!}x^3+\cdots+\frac{f^{(n)}(0)}{n!}x^n+\cdots$$

故

$$\begin{aligned}f(x)=\frac{1}{1+x^2}&=1+0+\frac{-2}{2!}x^2+0+\frac{24}{4!}x^4+0+\frac{-720}{6!}x^6+\cdots\\&=1-x^2+x^4-x^6+\cdots\end{aligned}$$

上式和(2.94)式完全相同,所以这种代入法是可信的.

③ $\sqrt{1+x}$

令 $f(x)=\sqrt{1+x}=(1+x)^{\frac{1}{2}}$,则

$$f(0)=1$$

$$f'(x)=\frac{1}{2}(1+x)^{-\frac{1}{2}},\quad f'(0)=\frac{1}{2}$$

$$f''(x)=\frac{1}{2}\left(-\frac{1}{2}\right)(1+x)^{-\frac{3}{2}}=-\frac{1}{4}(1+x)^{-\frac{3}{2}},\quad f''(0)=-\frac{1}{2^2}$$

$$f'''(x)=\frac{1}{2}\left(-\frac{1}{2}\right)\left(-\frac{3}{2}\right)(1+x)^{-\frac{5}{2}}=\frac{3}{2^3}(1+x)^{-\frac{5}{2}},\quad f'''(0)=\frac{3}{2^3}$$

$$\begin{aligned}f^{(4)}(x)&=\frac{1}{2}\left(-\frac{1}{2}\right)\left(-\frac{3}{2}\right)\left(-\frac{5}{2}\right)(1+x)^{-\frac{7}{2}}\\&=-\frac{1\cdot3\cdot5}{2^4}(1+x)^{-\frac{7}{2}},\quad f^{(4)}(0)=-\frac{5!!}{2^4}\end{aligned}$$

…

$$f^{(k)}(x)=(-1)^{k+1}\frac{(k+1)!!}{2^k}(1+x)^{-\frac{2k-1}{2}},\quad f^{(k)}(0)=(-1)^{k+1}\frac{(k+1)!!}{2^k}$$

把上述各阶导数代入泰勒公式(2.63),得

$$\sqrt{1+x}=1+\frac{\frac{1}{2}}{1!}x-\frac{\frac{1}{4}}{2!}x^2+\frac{\frac{3}{8}}{3!}x^3-\frac{\frac{15}{16}}{4!}x^4+\cdots$$

$$+(-1)^{k+1}\frac{(k+1)!!}{2^k k!}+\cdots$$

即

$$\sqrt{1+x}=1+\frac{1}{2}x-\frac{1}{8}x^2+\frac{3}{48}x^3-\frac{15}{384}x^4+\cdots$$

$$+(-1)^{k+1}\frac{(k+1)!!}{2^k k!}+\cdots\quad(x^2<1)\qquad(2.95)$$

④ $\frac{1}{\sqrt{1+x}}$

令 $f(x)=\frac{1}{\sqrt{1+x}}=(1+x)^{-\frac{1}{2}}$,则

$f(0)=1$

$f'(x)=[(1+x)^{-\frac{1}{2}}]'=-\frac{1}{2}(1+x)^{-\frac{3}{2}},\quad f'(0)=-\frac{1}{2}$

$f''(x)=\left(-\frac{1}{2}\right)\left(-\frac{3}{2}\right)(1+x)^{-\frac{5}{2}}=\frac{3}{2^2}(1+x)^{-\frac{5}{2}},\quad f''(0)=\frac{3}{4}$

$$f'''(x)=\left(-\frac{1}{2}\right)\left(-\frac{3}{2}\right)\left(-\frac{5}{2}\right)(1+x)^{-\frac{7}{2}}$$

$$=-\frac{3\cdot 5}{2^3}(1+x)^{-\frac{7}{2}},\quad f'''(0)=-\frac{5!!}{2^3}$$

$$f^{(4)}(x)=\left(-\frac{1}{2}\right)\left(-\frac{3}{2}\right)\left(-\frac{5}{2}\right)\left(-\frac{7}{2}\right)(1+x)^{-\frac{9}{2}}$$

$$=\frac{1\cdot 3\cdot 5\cdot 7}{2^4}(1+x)^{-\frac{9}{2}},\quad f^{(4)}(0)=\frac{7!!}{2^4}$$

…

$$f^{(k)}(x)=(-1)^k\frac{(2k-1)!!}{2^k}(1+x)^{-\frac{2k+1}{2}},\quad f^{(k)}(0)=(-1)^k\frac{(2k-1)!!}{2^k}$$

把上述各阶导数代入泰勒公式(2.63),得

$$\frac{1}{\sqrt{1+x}}=1-\frac{1}{2}x+\frac{3}{8}x^2-\frac{5}{16}x^3+\frac{35}{128}x^4-\cdots$$

$$+(-1)^k\frac{(2k-1)!!}{2^k k!}x^k+\cdots\quad(|x|<1)\tag{2.96}$$

在(2.96)式中,用 x^2 代替 x,则有

$$\frac{1}{\sqrt{1+x^2}}=1-\frac{1}{2}x^2+\frac{3}{8}x^4-\frac{5}{16}x^6+\frac{35}{128}x^8-\cdots$$
$$+(-1)^k\frac{(2k-1)!!}{2^k k!}x^{2k}+\cdots\quad(|x|<1)$$

用同样的方法,可求得

$$\frac{1}{\sqrt{1-x}}=1+\frac{1}{2}x+\frac{3}{8}x^2+\frac{5}{16}x^3+\frac{35}{128}x^4+\cdots$$
$$+\frac{(2k-1)!!}{2^k k!}x^k+\cdots\quad(|x|<1)\tag{2.97}$$

在(2.97)式中,用 x^2 代替 x,则有

$$\frac{1}{\sqrt{1-x^2}}=1+\frac{1}{2}x^2+\frac{3}{8}x^4+\frac{5}{16}x^6+\frac{35}{128}x^8+\cdots$$
$$+\frac{(2k-1)!!}{2^k k!}x^{2k}+\cdots\quad(|x|<1)\tag{2.98}$$

4. 利用积分法来求无穷级数

(1) $\ln(1+x)$

因为$\frac{\mathrm{d}}{\mathrm{d}x}\ln(1+x)=\frac{1}{1+x}$,所以

$$\ln(1+x)=\int_0^x\frac{\mathrm{d}t}{1+t}$$

我们在前面已得到$\frac{1}{1+x}$的无穷级数的展开式(2.93),把它代入上面的积分式中,得

$$\int_0^x\frac{1}{1+t}\mathrm{d}t=\int_0^x[1-t+t^2-t^3+\cdots+(-1)^k t^k+\cdots]\mathrm{d}t$$
$$=\left[t-\frac{t^2}{2}+\frac{t^3}{3}-\frac{t^4}{4}+\cdots+(-1)^{k+1}\frac{t^k}{k}+\cdots\right]_0^x$$
$$=x-\frac{x^2}{2}+\frac{x^3}{3}-\frac{x^4}{4}+\cdots+(-1)^{k+1}\frac{x^k}{k}+\cdots$$

即

$$\ln(1+x) = x - \frac{x^2}{2} + \frac{x^3}{3} - \frac{x^4}{4} + \cdots + (-1)^{k+1}\frac{x^k}{k} + \cdots$$

(2) arctan x

因为

$$\frac{\mathrm{d}}{\mathrm{d}x}(\arctan x) = \frac{1}{1+x^2}$$

所以

$$\arctan x = \int_0^x \frac{\mathrm{d}t}{1+t^2}$$

把(2.94)式的$\frac{1}{1+x^2}$展开式代入,得

$$\begin{aligned}\arctan x &= \int_0^x \frac{1}{1+t^2}\mathrm{d}t = \int_0^x (1 - t^2 + t^4 - t^6 + t^8 - \cdots)\mathrm{d}t \\ &= x - \frac{x^3}{3} + \frac{x^5}{5} - \frac{x^7}{7} + \frac{x^9}{9} - \cdots + (-1)^{n-1}\frac{x^{2n-1}}{2n-1} + \cdots\end{aligned}$$

(3) arcsin x

因为

$$\frac{\mathrm{d}}{\mathrm{d}x}(\arcsin x) = \frac{1}{\sqrt{1-x^2}}$$

所以

$$\arcsin x = \int_0^x \frac{\mathrm{d}t}{\sqrt{1-t^2}}$$

把(2.98)式的$\frac{1}{\sqrt{1-x^2}}$展开式代入,得

$$\begin{aligned}\arcsin x &= \int_0^x \frac{1}{\sqrt{1-t^2}}\mathrm{d}t = \int_0^x \left(1 + \frac{1}{2}t^2 + \frac{3}{8}t^4 + \frac{5}{16}t^6 + \frac{35}{128}t^8 + \cdots\right)\mathrm{d}t \\ &= \left(t + \frac{1}{2}\cdot\frac{t^3}{3} + \frac{3}{8}\cdot\frac{t^5}{5} + \frac{5}{16}\cdot\frac{t^7}{7} + \frac{35}{128}\cdot\frac{t^9}{9} + \cdots\right)_0^x \\ &= x + \frac{1}{6}x^3 + \frac{3}{40}x^5 + \frac{5}{112}x^7 + \frac{35}{1152}x^9 + \cdots\end{aligned}$$

第 3 章　利用已知因式求无穷级数之和

你知道下面的无穷级数之和

$$1+\frac{1}{2^2}+\frac{1}{3^2}+\frac{1}{4^2}+\frac{1}{5^2}+\frac{1}{6^2}+\cdots=\frac{\pi^2}{6}$$

是怎么得到的吗?

以下我们来介绍欧拉的方法是如何得到这个公式的(有兴趣的读者可参看《无穷分析引论》,欧拉著,张延伦译).

3.1　无穷级数与无穷乘积

假设有一个无穷级数为

$$1+Ax+Bx^2+Cx^3+Dx^4+Ex^5+\cdots \tag{3.1}$$

它可以分解成无数个因式的乘积:

$$(1+\alpha x)(1+\beta x)(1+\gamma x)(1+\delta x)(1+\eta x)\cdots \tag{3.2}$$

即有

$$\begin{aligned}&1+Ax+Bx^2+Cx^3+Dx^4+Ex^5+\cdots\\&\quad=(1+\alpha x)(1+\beta x)(1+\gamma x)(1+\delta x)(1+\eta x)\cdots\end{aligned} \tag{3.3}$$

把等式右边各因式乘积写出来:

$$\begin{aligned}&(1+\alpha x)(1+\beta x)(1+\gamma x)(1+\delta x)(1+\eta x)\cdots\\&\quad=1+(\alpha+\beta+\gamma+\delta+\eta+\cdots)x\\&\qquad+(\alpha\beta+\alpha\gamma+\alpha\delta+\alpha\eta+\beta\gamma+\beta\delta+\beta\eta+\gamma\delta+\gamma\eta+\delta\eta+\cdots)x^2\end{aligned}$$

$$+ (\alpha\beta\gamma + \alpha\beta\delta + \alpha\beta\eta + \beta\gamma\delta + \beta\gamma\eta + \gamma\delta\eta + \cdots)x^3$$
$$+ (\alpha\beta\gamma\delta + \alpha\beta\gamma\eta + \alpha\beta\delta\eta + \alpha\gamma\delta\eta + \beta\gamma\delta\eta + \cdots)x^4$$
$$+ \cdots$$

(3.3)式两边 x^n 同次幂的项的系数应该相等,因此有

$$\begin{cases} A = \alpha + \beta + \gamma + \delta + \eta + \cdots \\ B = \alpha\beta + \alpha\gamma + \alpha\delta + \alpha\eta + \beta\gamma + \beta\delta + \beta\eta + \gamma\delta + \gamma\eta + \delta\eta + \cdots \\ C = \alpha\beta\gamma + \alpha\beta\delta + \alpha\beta\eta + \beta\gamma\delta + \beta\gamma\eta + \gamma\delta\eta + \cdots \\ D = \alpha\beta\gamma\delta + \alpha\beta\gamma\eta + \alpha\beta\delta\eta + \alpha\gamma\delta\eta + \beta\gamma\delta\eta + \cdots \\ \cdots \end{cases} \tag{3.4}$$

令

$$\begin{cases} P = \alpha + \beta + \gamma + \delta + \eta + \cdots \\ Q = \alpha^2 + \beta^2 + \gamma^2 + \delta^2 + \eta^2 + \cdots \\ R = \alpha^3 + \beta^3 + \gamma^3 + \delta^3 + \eta^3 + \cdots \\ S = \alpha^4 + \beta^4 + \gamma^4 + \delta^4 + \eta^4 + \cdots \\ T = \alpha^5 + \beta^5 + \gamma^5 + \delta^5 + \eta^5 + \cdots \\ U = \alpha^6 + \beta^6 + \gamma^6 + \delta^6 + \eta^6 + \cdots \\ V = \alpha^7 + \beta^7 + \gamma^7 + \delta^7 + \eta^7 + \cdots \\ \cdots \end{cases} \tag{3.5}$$

那么,$P,Q,R,S,T,U,V,\cdots$都可以由 $A,B,C,D,E,\cdots$表示出来:

$$\begin{cases} P = A \\ Q = AP - 2B \\ R = AQ - BP + 3C \\ S = AR - BQ + CP - 4D \\ T = AS - BR + CQ - DP + 5E \\ U = AT - BS + CR - DQ + EP - 6F \\ V = AU - BT + CS - DR + EQ - FP + 7G \\ \cdots \end{cases} \tag{3.6}$$

我们来验证一下:

$$Q = AP - 2B$$
$$= (\alpha + \beta + \gamma + \delta + \eta + \cdots)(\alpha + \beta + \gamma + \delta + \eta + \cdots)$$

$$-2(\alpha\beta+\alpha\gamma+\alpha\delta+\alpha\eta+\beta\gamma+\beta\delta+\beta\eta+\gamma\delta+\gamma\eta+\delta\eta+\cdots)$$

其中

$$\begin{aligned}
AP &= (\alpha+\beta+\gamma+\delta+\eta+\cdots)(\alpha+\beta+\gamma+\delta+\eta+\cdots)\\
&= \alpha^2+\alpha\beta+\alpha\gamma+\alpha\delta+\alpha\eta+\cdots\\
&\quad+\beta^2+\beta\alpha+\beta\gamma+\beta\delta+\beta\eta+\cdots\\
&\quad+\gamma^2+\gamma\alpha+\gamma\beta+\gamma\delta+\gamma\eta+\cdots\\
&\quad+\delta^2+\delta\alpha+\delta\beta+\delta\gamma+\delta\eta+\cdots\\
&\quad+\eta^2+\eta\alpha+\eta\beta+\eta\gamma+\eta\delta+\cdots\\
&\quad+\cdots\\
&= (\alpha^2+\beta^2+\gamma^2+\delta^2+\eta^2+\cdots)\\
&\quad+2(\alpha\beta+\alpha\gamma+\alpha\delta+\alpha\eta+\beta\gamma+\beta\delta+\beta\eta+\gamma\delta+\gamma\eta+\delta\eta+\cdots)\\
2B &= 2(\alpha\beta+\alpha\gamma+\alpha\delta+\alpha\eta+\beta\gamma+\beta\delta+\beta\eta+\gamma\delta+\gamma\eta+\delta\eta+\cdots)
\end{aligned}$$

因此,得到

$$Q = AP-2B = \alpha^2+\beta^2+\gamma^2+\delta^2+\eta^2+\cdots$$

又如

$$R = AQ-BP+3C$$

其中

$$\begin{aligned}
AQ &= (\alpha+\beta+\gamma+\delta+\eta+\cdots)(\alpha^2+\beta^2+\gamma^2+\delta^2+\eta^2+\cdots)\\
&= \alpha^3+\beta^3+\gamma^3+\delta^3+\eta^3+\cdots\\
&\quad+\alpha(\beta^2+\gamma^2+\delta^2+\eta^2+\cdots)\\
&\quad+\beta(\alpha^2+\gamma^2+\delta^2+\eta^2+\cdots)\\
&\quad+\gamma(\alpha^2+\beta^2+\delta^2+\eta^2+\cdots)\\
&\quad+\delta(\alpha^2+\beta^2+\gamma^2+\eta^2+\cdots)\\
&\quad+\eta(\alpha^2+\beta^2+\gamma^2+\delta^2+\cdots)\\
&\quad+\cdots\\
BP &= (\alpha\beta+\alpha\gamma+\alpha\delta+\alpha\eta+\beta\gamma+\beta\delta+\beta\eta+\gamma\delta+\cdots)\\
&\quad\cdot(\alpha+\beta+\gamma+\delta+\eta+\cdots)\\
&= \alpha(\beta^2+\gamma^2+\delta^2+\eta^2+\cdots)\\
&\quad+\beta(\alpha^2+\gamma^2+\delta^2+\eta^2+\cdots)
\end{aligned}$$

$$+\gamma(\alpha^2+\beta^2+\delta^2+\eta^2+\cdots)$$
$$+\delta(\alpha^2+\beta^2+\gamma^2+\eta^2+\cdots)$$
$$+\eta(\alpha^2+\beta^2+\gamma^2+\delta^2+\cdots)$$
$$+\cdots$$
$$+3(\alpha\beta\gamma+\alpha\beta\delta+\alpha\beta\eta+\alpha\gamma\delta+\alpha\gamma\eta+\beta\gamma\delta+\beta\gamma\eta+\cdots)$$

$$3C=3(\alpha\beta\gamma+\alpha\beta\delta+\alpha\beta\eta+\alpha\gamma\delta+\alpha\gamma\eta+\beta\gamma\delta+\beta\gamma\eta+\cdots)$$

把上述各式代入,得到

$$\begin{aligned}R&=AQ-BP+3C\\&=\alpha^3+\beta^3+\gamma^3+\delta^3+\eta^3+\cdots\end{aligned}$$

(3.6)式中的其他各式都可以用这种方法验证.

3.2　二项式和三项式

由二项式公式

$$\begin{aligned}(1\pm x)^m=&1\pm\binom{m}{1}x+\binom{m}{2}x^2\pm\binom{m}{3}x^3+\cdots+(\pm1)^k\binom{m}{k}x^k\\&+\cdots+(\pm1)^k\binom{m}{m}x^m\end{aligned}\tag{3.7}$$

可知

$$\begin{aligned}\left(1+\frac{x}{n}\right)^n=&1+\binom{n}{1}\left(\frac{x}{n}\right)+\binom{n}{2}\left(\frac{x}{n}\right)^2+\binom{n}{3}\left(\frac{x}{n}\right)^3+\binom{n}{4}\left(\frac{x}{n}\right)^4\\&+\cdots+\binom{n}{k}\left(\frac{x}{n}\right)^k+\cdots\\=&1+x+\frac{1}{2!}x^2+\frac{1}{3!}x^3+\frac{1}{4!}x^4+\cdots+\frac{1}{k!}x^k+\cdots\\=&\mathrm{e}^x\quad(n\to\infty)\end{aligned}$$

同样

$$\left(1-\frac{x}{n}\right)^n = 1 - x + \frac{1}{2!}x^2 - \frac{1}{3!}x^3 + \frac{1}{4!}x^4 - \frac{1}{5!}x^5 + \cdots$$

$$+ (-1)^k \frac{1}{k!}x^k + \cdots$$

$$= e^{-x} \quad (n \to \infty)$$

因此

$$\left(1+\frac{x}{n}\right)^n - \left(1-\frac{x}{n}\right)^n = e^x - e^{-x}$$

$$= 2\left[\frac{x}{1!} + \frac{x^3}{3!} + \frac{x^5}{5!} + \frac{x^7}{7!} + \cdots + \frac{x^{2k+1}}{(2k+1)!} + \cdots\right] \tag{3.8}$$

此处,n,k 都是正整数.

令 $a = 1 + \frac{x}{n}$,$z = 1 - \frac{x}{n}$,则有

$$a^n - z^n = 2\left[\frac{x}{1!} + \frac{x^3}{3!} + \frac{x^5}{5!} + \frac{x^7}{7!} + \cdots + \frac{x^{2k+1}}{(2k+1)!} + \cdots\right]$$

在函数

$$a^n - z^n \tag{3.9}$$

中, 会有形如

$$p^2 - 2pqz\cos\varphi + q^2z^2 \tag{3.10}$$

这样的三项式因式.

令 $r = \frac{p}{q}$,把这个三项式因式(3.10)除以 q^2,变成

$$\frac{p^2}{q^2} - 2\frac{p}{q}z\cos\varphi + z^2$$

将$\frac{p}{q} = r$ 代入,得

$$r^2 - 2rz\cos\varphi + z^2$$

为求出 φ 值,令

$$z^2 - 2rz\cos\varphi + r^2 = 0$$

解此方程,得

$$z = \frac{2r\cos\varphi + \sqrt{4r^2\cos^2\varphi - 4r^2}}{2}$$

$$= r\cos\varphi + r\mathrm{i}\sin\varphi = r(\cos\varphi + \mathrm{i}\sin\varphi)$$

其中 $\mathrm{i}=\sqrt{-1}$,是虚数单位.

把 $z^n = r^n(\cos\varphi+\mathrm{i}\sin\varphi)^n = r^n(\cos n\varphi+\mathrm{i}\sin n\varphi)$代入(3.9)式,得

$$a^n - z^n = a^n - r^n(\cos n\varphi + \mathrm{i}\sin n\varphi) = (a^n - r^n\cos n\varphi) - \mathrm{i}r^n\sin n\varphi$$

为了求得 φ,把该方程的实部和虚部分成分别等于0的两个方程:

$$a^n - r^n\cos n\varphi = 0,\quad r^n\sin n\varphi = 0$$

在方程 $r^n\sin n\varphi=0$,即 $\sin n\varphi=0$ 中,我们得到 $n\varphi=(2K+1)\pi$,或 $n\varphi=2K\pi$,K 为正整数.

在这里,应该取第二个值,即 $n\varphi=2K\pi$,使 $\cos n\varphi=\cos 2K\pi=1$,把 $n\varphi=2K\pi$ 代入方程 $a^n-r^n\cos n\varphi=0$ 中,从方程

$$a^n - r^n\cos n\varphi = a^n - r^n\cos 2K\pi = a^n - r^n = 0$$

得到

$$a = r = \frac{p}{q}$$

因此,就有

$$p = a,\quad q = 1,\quad \varphi = \frac{2K\pi}{n}$$

于是函数 $a^n - z^n$ 的三项式因式(3.10)可写成

$$a^2 - 2az\cos\frac{2K\pi}{n} + z^2 \tag{3.11}$$

令(3.11)式中的 $2K$ 取不大于 n 的偶数值,就能得到所有的因式.

把 $\cos\frac{2K\pi}{n}$做级数展开:

$$\cos\frac{2K\pi}{n} = 1 - \frac{1}{2!}\left(\frac{2K\pi}{n}\right)^2 + \frac{1}{4!}\left(\frac{2K\pi}{n}\right)^4 - \frac{1}{6!}\left(\frac{2K\pi}{n}\right)^6 + \cdots$$

当 K 在有限数里取值,而 $n\to\infty$ 时,$\frac{2K\pi}{n}$ 就是一个小数.我们略去第3项以后各项,取

$$\cos\frac{2K\pi}{n} \approx 1 - \frac{2K^2\pi^2}{n^2}$$

把 $a=1+\frac{x}{n}$,$z=1-\frac{x}{n}$和 $\cos\frac{2K\pi}{n}=1-\frac{2K^2\pi^2}{n^2}$代入(3.11)式,得

$$
\begin{aligned}
&a^2-2az\cos\frac{2K\pi}{n}+z^2\\
&=\left(1+\frac{x}{n}\right)^2-2\left(1+\frac{x}{n}\right)\left(1-\frac{x}{n}\right)\left(1-\frac{2K^2\pi^2}{n^2}\right)+\left(1-\frac{x}{n}\right)^2\\
&=\frac{4x^2}{n^2}+\frac{4K^2\pi^2}{n^2}-\frac{4K^2\pi^2x^2}{n^4}
\end{aligned}
\tag{3.12}
$$

(3.12)式右边可被 $1+\frac{x^2}{K^2\pi^2}-\frac{x^2}{n^2}$ 除尽,即

$$
\left(\frac{4x^2}{n^2}+\frac{4K^2\pi^2}{n^2}-\frac{4K^2\pi^2x^2}{n^4}\right)\Big/\left(1+\frac{x^2}{K^2\pi^2}-\frac{x^2}{n^2}\right)=\frac{4K^2\pi^2}{n^2}
$$

因此 $1+\frac{x^2}{K^2\pi^2}-\frac{x^2}{n^2}$ 是 a^n-z^n 的一个因式,也就是说,它是 e^x-e^{-x} 的一个因式. 当 $n\to\infty$ 时,可以略去 $\frac{x^2}{n^2}$ 这一项,因为它是无穷小量,即使乘上 n,也还是无穷小量. 所以可把它省略. 于是,这个因式就只有 $1+\frac{x^2}{K^2\pi^2}$ 两项了.

这样,我们就可以把 a^n-z^n 或 e^x-e^{-x} 写成 $1+\frac{x^2}{K^2\pi^2}$ 的无穷乘积.

依次写出 $K=0,1,2,3,4,5,\cdots$ 的因式,得到

$$
\frac{e^x-e^{-x}}{2}=x\left(1+\frac{x^2}{\pi^2}\right)\left(1+\frac{x^2}{4\pi^2}\right)\left(1+\frac{x^2}{9\pi^2}\right)\left(1+\frac{x^2}{16\pi^2}\right)\left(1+\frac{x^2}{25\pi^2}\right)\cdots
$$

其中当 $K=0$ 时,它的最小因子是 x[见(3.12)式],因此有

$$
\begin{aligned}
&\frac{x}{1!}+\frac{x^3}{3!}+\frac{x^5}{5!}+\frac{x^7}{7!}+\cdots\\
&\quad=x\left(1+\frac{x^2}{\pi^2}\right)\left(1+\frac{x^2}{4\pi^2}\right)\left(1+\frac{x^2}{9\pi^2}\right)\left(1+\frac{x^2}{16\pi^2}\right)\cdots
\end{aligned}
$$

或

$$
\begin{aligned}
&\frac{1}{1!}+\frac{x^2}{3!}+\frac{x^4}{5!}+\frac{x^6}{7!}+\cdots\\
&\quad=\left(1+\frac{x^2}{\pi^2}\right)\left(1+\frac{x^2}{4\pi^2}\right)\left(1+\frac{x^2}{9\pi^2}\right)\left(1+\frac{x^2}{16\pi^2}\right)\cdots
\end{aligned}
\tag{3.13}
$$

令 $x^2=\pi^2z$,则

$$1+\frac{\pi^2}{3!}z+\frac{\pi^4}{5!}z^2+\frac{\pi^6}{7!}z^3+\frac{\pi^8}{9!}z^4+\cdots$$
$$=(1+z)\left(1+\frac{1}{4}z\right)\left(1+\frac{1}{9}z\right)\left(1+\frac{1}{16}z\right)\left(1+\frac{1}{25}z\right)\cdots \quad (3.14)$$

3.3　求无穷级数之和

将(3.14)式与(3.3)式

$$1+Ax+Bx^2+Cx^3+Dx^4+Ex^5+\cdots$$
$$=(1+\alpha x)(1+\beta x)(1+\gamma x)(1+\delta x)(1+\eta x)\cdots$$

对比，当

$$A=\frac{\pi^2}{3!}=\frac{\pi^2}{6},\quad B=\frac{\pi^4}{5!}=\frac{\pi^4}{120},\quad C=\frac{\pi^6}{7!}=\frac{\pi^6}{5040},$$
$$D=\frac{\pi^8}{9!}=\frac{\pi^8}{362880},\quad E=\frac{\pi^{10}}{11!}=\frac{\pi^{10}}{39916800},\quad \cdots$$

时，有 $\alpha=1,\beta=\frac{1}{4},\gamma=\frac{1}{9},\delta=\frac{1}{16},\eta=\frac{1}{25},\cdots$. 因此，按照(3.5)式，有

$$P=A=\alpha+\beta+\gamma+\delta+\eta+\cdots=1+\frac{1}{4}+\frac{1}{9}+\frac{1}{16}+\frac{1}{25}+\cdots$$
$$=1+\frac{1}{2^2}+\frac{1}{3^2}+\frac{1}{4^2}+\frac{1}{5^2}+\cdots=\sum_{n=1}^{\infty}\frac{1}{n^2}$$

同样，可得

$$Q=\alpha^2+\beta^2+\gamma^2+\delta^2+\eta^2+\cdots$$
$$=1+\frac{1}{2^4}+\frac{1}{3^4}+\frac{1}{4^4}+\frac{1}{5^4}+\cdots=\sum_{n=1}^{\infty}\frac{1}{n^4}$$
$$R=\alpha^3+\beta^3+\gamma^3+\delta^3+\eta^3+\cdots$$
$$=1+\frac{1}{2^6}+\frac{1}{3^6}+\frac{1}{4^6}+\frac{1}{5^6}+\cdots=\sum_{n=1}^{\infty}\frac{1}{n^6}$$
$$S=\alpha^4+\beta^4+\gamma^4+\delta^4+\eta^4+\cdots$$

$$= 1 + \frac{1}{2^8} + \frac{1}{3^8} + \frac{1}{4^8} + \frac{1}{5^8} + \cdots = \sum_{n=1}^{\infty} \frac{1}{n^8}$$

$$T = \alpha^5 + \beta^5 + \gamma^5 + \delta^5 + \eta^5 + \cdots$$

$$= 1 + \frac{1}{2^{10}} + \frac{1}{3^{10}} + \frac{1}{4^{10}} + \frac{1}{5^{10}} + \cdots = \sum_{n=1}^{\infty} \frac{1}{n^{10}}$$

$$\cdots$$

应用(3.6)式,把 $A,B,C,D,E,\cdots$的值代入,得到

$$\begin{cases} P = A = \sum_{n=1}^{\infty} \frac{1}{n^2} = \frac{\pi^2}{3!} = \frac{\pi^2}{6} \\ Q = \sum_{n=1}^{\infty} \frac{1}{n^4} = AP - 2B = \frac{\pi^2}{6}\frac{\pi^2}{6} - 2\frac{\pi^4}{120} = \frac{\pi^4}{90} \\ R = \sum_{n=1}^{\infty} \frac{1}{n^6} = AQ - BP + 3C \\ \quad = \frac{\pi^2}{6}\frac{\pi^4}{90} - \frac{\pi^4}{120}\frac{\pi^2}{6} + 3\frac{\pi^6}{5040} = \frac{\pi^6}{945} \\ S = \sum_{n=1}^{\infty} \frac{1}{n^8} = AR - BQ + CP - 4D \\ \quad = \frac{\pi^2}{6}\frac{\pi^6}{945} - \frac{\pi^4}{120}\frac{\pi^4}{90} + \frac{\pi^6}{5040}\frac{\pi^2}{6} - 4\frac{\pi^8}{362880} = \frac{\pi^8}{9450} \\ T = \sum_{n=1}^{\infty} \frac{1}{n^{10}} = AS - BR + CQ - DP + 5E \\ \quad = \frac{\pi^2}{6}\frac{\pi^8}{9450} - \frac{\pi^4}{120}\frac{\pi^6}{945} + \frac{\pi^6}{5040}\frac{\pi^4}{90} - \frac{\pi^8}{362880}\frac{\pi^2}{6} + 5\frac{\pi^{10}}{39916800} \\ \quad = \frac{\pi^{10}}{93555} \\ \cdots \end{cases} \tag{3.15}$$

这说明,当 n 为偶数时,形如

$$1 + \frac{1}{2^n} + \frac{1}{3^n} + \frac{1}{4^n} + \frac{1}{5^n} + \cdots$$

的任何一个无穷级数之和,都等于 π^n 与一个有理数的乘积.我们可以把它写出来:

$$\begin{cases}1+\dfrac{1}{2^2}+\dfrac{1}{3^2}+\dfrac{1}{4^2}+\dfrac{1}{5^2}+\cdots=\dfrac{2^0}{3!}\cdot\dfrac{1}{1}\pi^2=\dfrac{\pi^2}{6}\\ 1+\dfrac{1}{2^4}+\dfrac{1}{3^4}+\dfrac{1}{4^4}+\dfrac{1}{5^4}+\cdots=\dfrac{2^2}{5!}\cdot\dfrac{1}{3}\pi^4=\dfrac{\pi^4}{90}\\ 1+\dfrac{1}{2^6}+\dfrac{1}{3^6}+\dfrac{1}{4^6}+\dfrac{1}{5^6}+\cdots=\dfrac{2^4}{7!}\cdot\dfrac{1}{3}\pi^6=\dfrac{\pi^6}{945}\\ 1+\dfrac{1}{2^8}+\dfrac{1}{3^8}+\dfrac{1}{4^8}+\dfrac{1}{5^8}+\cdots=\dfrac{2^6}{9!}\cdot\dfrac{3}{5}\pi^8=\dfrac{\pi^8}{9450}\\ 1+\dfrac{1}{2^{10}}+\dfrac{1}{3^{10}}+\dfrac{1}{4^{10}}+\dfrac{1}{5^{10}}+\cdots=\dfrac{2^8}{11!}\cdot\dfrac{5}{3}\pi^{10}=\dfrac{\pi^{10}}{93555}\end{cases} \tag{3.16}$$

同样，我们有

$$e^x+e^{-x}=\left(1+\frac{x}{n}\right)^n+\left(1-\frac{x}{n}\right)^n=2\left(1+\frac{x^2}{2!}+\frac{x^4}{4!}+\frac{x^6}{6!}+\frac{x^8}{8!}+\cdots\right)$$

令 $a=1+\dfrac{x}{n}$，$z=1-\dfrac{x}{n}$，则有

$$a^n+z^n=2\left(1+\frac{x^2}{2!}+\frac{x^4}{4!}+\frac{x^6}{6!}+\frac{x^8}{8!}+\cdots\right)$$

在函数

$$a^n+z^n \tag{3.17}$$

中，如前面所述，一定也会有 $p^2-2pqz\cos\varphi+q^2z^2$ 这样的三项式因式，按照前面的步骤，令 $r=\dfrac{p}{q}$，把这个三项式因式除以 q^2，变成

$$\frac{p^2}{q^2}-2\frac{p}{q}z\cos\varphi+z^2$$

将$\dfrac{p}{q}=r$ 代入，得

$$r^2-2rz\cos\varphi+z^2$$

为求出 φ 值，令

$$z^2-2rz\cos\varphi+r^2=0$$

解此方程，得

$$\begin{aligned}z&=\frac{2r\cos\varphi+\sqrt{4r^2\cos^2\varphi-4r^2}}{2}\\&=r\cos\varphi+r\mathrm{i}\sin\varphi=r(\cos\varphi+\mathrm{i}\sin\varphi)\end{aligned}$$

其中 $\mathrm{i}=\sqrt{-1}$,是虚数单位.把

$$z^n = r^n(\cos\varphi + \mathrm{i}\sin\varphi)^n = r^n(\cos n\varphi + \mathrm{i}\sin n\varphi)$$

代入(3.17)式,得

$$\begin{aligned} a^n + z^n &= a^n + r^n(\cos n\varphi + \mathrm{i}\sin n\varphi) \\ &= (a^n + r^n\cos n\varphi) + \mathrm{i}r^n\sin n\varphi \end{aligned}$$

为了求得 φ,令该方程的实部和虚部分别等于 0,即

$$a^n + r^n\cos n\varphi = 0, \quad r^n\sin n\varphi = 0$$

从 $r^n\sin n\varphi=0$,即 $\sin n\varphi=0$ 中,得到 $n\varphi=(2K+1)\pi$,或 $n\varphi=2K\pi$,K 为正整数.

这里,应该取第一个值,$n\varphi=(2K+1)\pi$,使得

$$\cos n\varphi = \cos(2K+1)\pi = -1$$

从 $a^n+r^n\cos n\varphi=a^n-r^n=0$ 得到

$$a = r = \frac{p}{q}$$

这样就有

$$p = a, \quad q = 1, \quad \varphi = \frac{(2K+1)\pi}{n}$$

从而使函数 a^n+z^n 的因式成为

$$a^2 - 2az\cos\frac{2K+1}{n}\pi + z^2 \tag{3.18}$$

当 $2K+1$ 取不大于 n 的奇数值时,也能得到所有的因式.

把 $a=1+\dfrac{x}{n}$,$z=1-\dfrac{x}{n}$ 和 $\cos\dfrac{(2K+1)\pi}{n}=1-\dfrac{(2K+1)^2\pi^2}{2n^2}$ 代入(3.18)式,得

$$\begin{aligned} &a^2 - 2az\cos\frac{2K+1}{n}\pi + z^2 \\ &= \left(1+\frac{x}{n}\right)^2 - 2\left(1+\frac{x}{n}\right)\left(1-\frac{x}{n}\right)\left[1-\frac{(2K+1)^2\pi^2}{2n^2}\right] + \left(1-\frac{x}{n}\right)^2 \\ &= \frac{4x^2}{n^2} + \frac{(2K+1)^2\pi^2}{n^2} - \frac{(2K+1)^2\pi^2x^2}{n^4} \end{aligned}$$

当 $n\to\infty$ 时,略去分母为四次方的项,得到因式为

$$\frac{4x^2}{n^2}+\frac{(2K+1)^2\pi^2}{n^2}$$

在级数

$$1+\frac{x^2}{2!}+\frac{x^4}{4!}+\frac{x^6}{6!}+\frac{x^8}{8!}+\cdots$$

的每个因式应该是 $1+\alpha x^2$ 式样，因此将该因式除以$\frac{(2K+1)^2\pi^2}{n^2}$，得

$$\left[\frac{(2K+1)^2\pi^2}{n^2}+\frac{4x^2}{n^2}\right]\Big/\frac{(2K+1)^2\pi^2}{n^2}=1+\frac{4x^2}{(2K+1)^2\pi^2}$$

$1+\frac{4x^2}{(2K+1)^2\pi^2}$就是我们要求的因式.

如此，当 $K=0,1,2,3,4,5,\cdots$时，我们得到

$$\begin{aligned}&1+\frac{x^2}{2!}+\frac{x^4}{4!}+\frac{x^6}{6!}+\frac{x^8}{8!}+\cdots\\&\quad=\left(1+\frac{4x^2}{\pi^2}\right)\left(1+\frac{4x^2}{9\pi^2}\right)\left(1+\frac{4x^2}{25\pi^2}\right)\left(1+\frac{4x^2}{49\pi^2}\right)\cdots\end{aligned}$$

令 $x^2=\frac{\pi^2}{4}z$，则有

$$\begin{aligned}&1+\frac{\pi^2}{2!4}z+\frac{\pi^4}{4!4^2}z^2+\frac{\pi^6}{6!4^3}z^3+\frac{\pi^8}{8!4^4}z^4+\frac{\pi^{10}}{10!4^5}z^5+\cdots\\&\quad=(1+z)\left(1+\frac{1}{9}z\right)\left(1+\frac{1}{25}z\right)\left(1+\frac{1}{49}z\right)\left(1+\frac{1}{81}z\right)\cdots\end{aligned}$$

对比(3.3)式：

$$\begin{aligned}&1+Ax+Bx^2+Cx^3+Dx^4+Ex^5+\cdots\\&\quad=(1+\alpha x)(1+\beta x)(1+\gamma x)(1+\delta x)(1+\eta x)\cdots\end{aligned}$$

得到

$$A=\frac{\pi^2}{2!4}=\frac{\pi^2}{8},\quad B=\frac{\pi^4}{4!4^2}=\frac{\pi^4}{384},\quad C=\frac{\pi^6}{6!4^3}=\frac{\pi^6}{46080},$$

$$D=\frac{\pi^8}{8!4^4}=\frac{\pi^8}{10321920},\quad E=\frac{\pi^{10}}{10!4^5}=\frac{\pi^{10}}{3715891200},\quad\cdots$$

以及

$$\alpha=1,\quad\beta=\frac{1}{3^2},\quad\gamma=\frac{1}{5^2},\quad\delta=\frac{1}{7^2},\quad\eta=\frac{1}{9^2},\quad\cdots$$

按照(3.6)式,得到

$$A=\alpha+\beta+\gamma+\delta+\eta+\cdots=1+\frac{1}{3^2}+\frac{1}{5^2}+\frac{1}{7^2}+\frac{1}{9^2}+\cdots$$

同样也有

$$P=A=1+\frac{1}{3^2}+\frac{1}{5^2}+\frac{1}{7^2}+\frac{1}{9^2}+\cdots=\frac{\pi^2}{2!4}=\frac{\pi^2}{8}$$

$$Q=1+\frac{1}{3^4}+\frac{1}{5^4}+\frac{1}{7^4}+\frac{1}{9^4}+\cdots=AP-2B=\frac{\pi^2}{8}\cdot\frac{\pi^2}{8}-2\,\frac{\pi^4}{384}=\frac{\pi^4}{96}$$

$$R=1+\frac{1}{3^6}+\frac{1}{5^6}+\frac{1}{7^6}+\frac{1}{9^6}+\cdots=AQ-BP+3C$$

$$=\frac{\pi^2}{8}\cdot\frac{\pi^4}{96}-\frac{\pi^4}{384}\cdot\frac{\pi^2}{8}+3\,\frac{\pi^6}{46080}=\frac{\pi^6}{960}$$

$$S=1+\frac{1}{3^8}+\frac{1}{5^8}+\frac{1}{7^8}+\frac{1}{9^8}+\cdots=AR-BQ+CP-4D$$

$$=\frac{\pi^2}{8}\cdot\frac{\pi^6}{960}-\frac{\pi^4}{384}\cdot\frac{\pi^4}{96}+\frac{\pi^6}{46080}\cdot\frac{\pi^2}{8}-4\,\frac{\pi^8}{10321920}=\frac{17\pi^8}{161280}$$

$$T=1+\frac{1}{3^{10}}+\frac{1}{5^{10}}+\frac{1}{7^{10}}+\frac{1}{9^{10}}+\cdots=AS-BR+CQ-DP+5E$$

$$=\frac{\pi^2}{8}\cdot\frac{17\pi^8}{161280}-\frac{\pi^4}{384}\cdot\frac{\pi^6}{960}+\frac{\pi^6}{46080}\cdot\frac{\pi^4}{96}-\frac{\pi^8}{10321920}\cdot\frac{\pi^2}{8}+\frac{5\pi^{10}}{3715891200}$$

$$=\frac{31\pi^{10}}{2903040}$$

我们把结果整理一下,得到

$$\begin{cases}1+\dfrac{1}{3^2}+\dfrac{1}{5^2}+\dfrac{1}{7^2}+\dfrac{1}{9^2}+\cdots=\dfrac{\pi^2}{8}\\[2ex]1+\dfrac{1}{3^4}+\dfrac{1}{5^4}+\dfrac{1}{7^4}+\dfrac{1}{9^4}+\cdots=\dfrac{\pi^4}{96}\\[2ex]1+\dfrac{1}{3^6}+\dfrac{1}{5^6}+\dfrac{1}{7^6}+\dfrac{1}{9^6}+\cdots=\dfrac{\pi^6}{960}\\[2ex]1+\dfrac{1}{3^8}+\dfrac{1}{5^8}+\dfrac{1}{7^8}+\dfrac{1}{9^8}+\cdots=\dfrac{17\pi^8}{161280}\\[2ex]1+\dfrac{1}{3^{10}}+\dfrac{1}{5^{10}}+\dfrac{1}{7^{10}}+\dfrac{1}{9^{10}}+\cdots=\dfrac{31\pi^{10}}{2903040}\end{cases}\tag{3.19}$$

把前面的无穷级数(3.16)复录如下:

$$
\begin{cases}
1+\dfrac{1}{2^2}+\dfrac{1}{3^2}+\dfrac{1}{4^2}+\dfrac{1}{5^2}+\cdots=\dfrac{\pi^2}{6} \\
1+\dfrac{1}{2^4}+\dfrac{1}{3^4}+\dfrac{1}{4^4}+\dfrac{1}{5^4}+\cdots=\dfrac{\pi^4}{90} \\
1+\dfrac{1}{2^6}+\dfrac{1}{3^6}+\dfrac{1}{4^6}+\dfrac{1}{5^6}+\cdots=\dfrac{\pi^6}{945} \\
1+\dfrac{1}{2^8}+\dfrac{1}{3^8}+\dfrac{1}{4^8}+\dfrac{1}{5^8}+\cdots=\dfrac{\pi^8}{9450} \\
1+\dfrac{1}{2^{10}}+\dfrac{1}{3^{10}}+\dfrac{1}{4^{10}}+\dfrac{1}{5^{10}}+\cdots=\dfrac{\pi^{10}}{93555}
\end{cases}
\tag{3.16}
$$

我们用(3.19)式和(3.16)式比较，同幂次的级数相减[(3.16)式减去(3.19)式]，得到

$$
\begin{cases}
\dfrac{1}{2^2}+\dfrac{1}{4^2}+\dfrac{1}{6^2}+\dfrac{1}{8^2}+\cdots=\dfrac{\pi^2}{6}-\dfrac{\pi^2}{8}=\dfrac{\pi^2}{24} \\
\dfrac{1}{2^4}+\dfrac{1}{4^4}+\dfrac{1}{6^4}+\dfrac{1}{8^4}+\cdots=\dfrac{\pi^4}{90}-\dfrac{\pi^4}{96}=\dfrac{\pi^4}{144} \\
\dfrac{1}{2^6}+\dfrac{1}{4^6}+\dfrac{1}{6^6}+\dfrac{1}{8^6}+\cdots=\dfrac{\pi^6}{945}-\dfrac{\pi^6}{960}=\dfrac{\pi^6}{60480} \\
\dfrac{1}{2^8}+\dfrac{1}{4^8}+\dfrac{1}{6^8}+\dfrac{1}{8^8}+\cdots=\dfrac{\pi^8}{9450}-\dfrac{17\pi^8}{161280}=\dfrac{\pi^8}{2419200} \\
\dfrac{1}{2^{10}}+\dfrac{1}{4^{10}}+\dfrac{1}{6^{10}}+\dfrac{1}{8^{10}}+\cdots=\dfrac{\pi^{10}}{93555}-\dfrac{\pi^{10}}{2903040}=\dfrac{\pi^{10}}{95800320}
\end{cases}
\tag{3.20}
$$

这就是用欧拉的方法推导出来的上述一连串的无穷级数之和.

欧拉是一位天才数学家.1707 年出生在瑞士的巴塞尔城，他 10 岁自学《代数学》，13 岁进入巴塞尔大学，15 岁获学士学位，17 岁获哲学硕士学位.他是约翰·伯努利的学生.他 18 岁开始数学生涯，先后在俄罗斯彼得堡科学院、德国柏林科学院物理研究所等处工作.一生写下了 856 篇论文、32 部专著.欧拉是 18 世纪的数学巨星，在微积分、几何学、数论、变分学等领域都做出了巨大贡献；他建立起以 e 为底的自然对数.除数学外，在物理、力学、天文等领域，也有他研究的足迹.

法国数学家拉普拉斯说过一句名言："读读欧拉，他是所有人的老师."我国数学家李文林说："欧拉是大家很熟悉的名字，在数学和物理的很多分支中，到处都有以欧拉命名的常数、公式、方程和定理……"

第 4 章　欧 拉 变 换

4.1　欧 拉 变 换

用另一个具有相同和的级数代换一个已知收敛级数,叫变换.新的级数收敛更快,且便于计算.

设一个给定的收敛级数为

$$S(x)=\sum_{n=0}^{\infty}(-1)^n a_n x^n$$
$$=a_0-a_1x+a_2x^2-a_3x^3+\cdots+(-1)^n a_n x^n+\cdots \quad (4.1)$$

其中 $x>0$,引入系数 a_n 的差分

$$\Delta a_0=a_1-a_0$$
$$\Delta a_1=a_2-a_1$$
$$\Delta a_2=a_3-a_2$$
$$\cdots$$

一般地

$$\Delta a_n=a_{n+1}-a_n$$

二阶差分

$$\Delta^2 a_n=\Delta a_{n+1}-\Delta a_n=(a_{n+2}-a_{n+1})-(a_{n+1}-a_n)$$
$$=a_{n+2}-2a_{n+1}+a_n$$

高阶差分的一般式：

$$\Delta^p a_n = \Delta^{p-1} a_{n+1} - \Delta^{p-1} a_n$$

$$= a_{n+p} - \binom{p}{1} a_{n+p-1} + \binom{p}{2} a_{n+p-2} - \cdots + (-1)^p a_n$$

我们把(4.1)式乘上$\frac{1+x}{1+x}$(相当于乘上1,并未改变原级数的值),得

$$S(x) = \frac{1+x}{1+x}(a_0 - a_1 x + a_2 x^2 - a_3 x^3 + a_4 x^4 - a_5 x^5 + \cdots)$$

$$= \frac{1}{1+x}[a_0(1+x) - a_1 x(1+x) + a_2 x^2(1+x)$$

$$- a_3 x^3(1+x) + a_4 x^4(1+x) - \cdots]$$

$$= \frac{1}{1+x}[a_0 - (a_1 - a_0)x + (a_2 - a_1)x^2 - (a_3 - a_2)x^3$$

$$+ (a_4 - a_3)x^4 - \cdots]$$

因此,我们可以把(4.1)式改写成

$$S(x) = \frac{a_0}{1+x} - \frac{(a_1 - a_0)x}{1+x} + \frac{(a_2 - a_1)x^2}{1+x} - \frac{(a_3 - a_2)x^3}{1+x}$$

$$+ \frac{(a_4 - a_3)x^4}{1+x} - \cdots \tag{4.2}$$

(4.2)式与(4.1)式的第 n 项,仅差$\frac{1}{1+x}(-1)^{n+1} a_{n+1} x^{n+1}$.因为原来的级数是收敛的,所以当 $n \to \infty$ 时,这个差趋于0.

(4.2)式可写成差分形式：

$$S(x) = \frac{1}{1+x}(a_0 - \Delta a_0 x + \Delta a_1 x^2 - \Delta a_2 x^3 + \Delta a_3 x^4 - \cdots) \tag{4.3}$$

保留第一项$\frac{a_0}{1+x}$,把剩下的其余各项

$$-\frac{x}{1+x}(\Delta a_0 - \Delta a_1 x^1 + \Delta a_2 x^2 - \Delta a_3 x^3 + \cdots)$$

继续用前面的方法,乘上$\frac{1+x}{1+x}$,得

$$-\frac{x}{1+x} \cdot \frac{1+x}{1+x}(\Delta a_0 - \Delta a_1 x^1 + \Delta a_2 x^2 - \Delta a_3 x^3 + \cdots)$$

$$= -\frac{x}{1+x} \cdot \frac{1}{1+x}[\Delta a_0(1+x) - \Delta a_1 x(1+x) + \Delta a_2 x^2(1+x)$$
$$- \Delta a_3 x^3(1+x) + \cdots]$$
$$= -\frac{x}{1+x} \cdot \frac{1}{1+x}[\Delta a_0 - (\Delta a_1 - \Delta a_0)x + (\Delta a_2 - \Delta a_1)x^2$$
$$- (\Delta a_3 - \Delta a_2)x^3 + \cdots]$$
$$= -\frac{x}{1+x} \cdot \frac{1}{1+x}(\Delta a_0 - \Delta^2 a_0 x + \Delta^2 a_1 x^2 - \Delta^2 a_2 x^3 + \cdots)$$

如上法,再分出第一项$-\frac{\Delta a_0 x}{(1+x)^2}$,又把其余各项

$$\frac{x}{(1+x)^2}(\Delta^2 a_0 x^1 - \Delta^2 a_1 x^2 + \Delta^2 a_2 x^3 - \cdots)$$

再乘上$\frac{1+x}{1+x}$,得

$$\frac{x}{(1+x)^2} \cdot \frac{1}{1+x}[\Delta^2 a_0 x^1(1+x) - \Delta^2 a_1 x^2(1+x)$$
$$+ \Delta^2 a_2 x^3(1+x) - \cdots]$$
$$= \frac{x}{(1+x)^3}[\Delta^2 a_0 x - (\Delta^2 a_1 - \Delta^2 a_0)x^2 + (\Delta^2 a_2 - \Delta^2 a_1)x^3$$
$$- (\Delta^2 a_3 - \Delta^2 a_2)x^4 + \cdots]$$
$$= \frac{x}{(1+x)^3}(\Delta^2 a_0 x - \Delta^3 a_0 x^2 + \Delta^3 a_1 x^3 - \Delta^3 a_2 x^4 + \cdots)$$

如此继续下去,把每次保留下来的第一项加在一起,可得到

$$S(x) = \frac{a_0}{1+x} - \frac{\Delta a_0}{(1+x)^2}x + \frac{\Delta^2 a_0}{(1+x)^3}x^2 - \frac{\Delta^3 a_0}{(1+x)^4}x^3 + \frac{\Delta^4 a_0}{(1+x)^5}x^4$$
$$- \cdots + (-1)^{p-1}\frac{\Delta^{p-1} a_0}{(1+x)^p}x^{p-1} + R_p(x) \tag{4.4}$$

其中

$$R_p(x) = (-1)^p \frac{x^p}{(1+x)^p}(\Delta^p a_0 - \Delta^p a_1 x + \Delta^p a_2 x^2 - \cdots)$$
$$= (-1)^p \frac{x^p}{(1+x)^p}\sum_{n=0}^{\infty}(-1)^n \Delta^p a_n x^n$$

当 $p \to \infty$ 时,$R_p(x) \to 0$. 这样,(4.3)式可表示为

$$S(x)=\frac{1}{1+x}\left[a_0-\Delta a_0\frac{x}{1+x}+\Delta^2 a_0\left(\frac{x}{1+x}\right)^2-\Delta^3 a_0\left(\frac{x}{1+x}\right)^3+\cdots\right.$$
$$\left.+(-1)^p\Delta^p a_0\left(\frac{x}{1+x}\right)^p+\cdots\right]\tag{4.5}$$

于是,我们就得到欧拉变换

$$\sum_{n=0}^{\infty}(-1)^n a_n x^n=\frac{1}{1+x}\sum_{p=0}^{\infty}(-1)^p\Delta^p a_0\left(\frac{x}{1+x}\right)^p\tag{4.6}$$

当 $x=1$ 时,就得到数项级数的欧拉变换

$$\sum_{n=0}^{\infty}(-1)^n a_n=\sum_{p=0}^{\infty}(-1)^p\Delta^p a_0\left(\frac{1}{2}\right)^{p+1}\tag{4.7}$$

4.2 欧拉变换举例

例 4.1 求无穷级数 $\sum_{n=0}^{\infty}(-1)^n\frac{1}{b+n}$.

解 令 $a_n=\frac{1}{b+n}$,其中 b 为任意常数,但 $b\neq 0,-1,-2,-3,\cdots$; $n=0,1,2,3,\cdots$.

由 a_n 组成的级数是一个收敛级数,其和为

$$\sum_{n=0}^{\infty}(-1)^n\frac{1}{b+n}$$

求各项差分:

$$a_0=\frac{1}{b},\quad a_1=\frac{1}{b+1},\quad a_2=\frac{1}{b+2},\quad a_3=\frac{1}{b+3},$$

$$a_4=\frac{1}{b+4},\quad \cdots,\quad a_n=\frac{1}{b+n},\quad \cdots$$

$$\Delta a_0=a_1-a_0=\frac{1}{b+1}-\frac{1}{b}=-\frac{1}{b(b+1)}$$

$$\Delta a_1=a_2-a_1=\frac{1}{b+2}-\frac{1}{b+1}=-\frac{1}{(b+1)(b+2)}$$

$$\Delta a_2 = a_3 - a_2 = \frac{1}{b+3} - \frac{1}{b+2} = -\frac{1}{(b+2)(b+3)}$$

$$\Delta a_3 = a_4 - a_3 = \frac{1}{b+4} - \frac{1}{b+3} = -\frac{1}{(b+3)(b+4)}$$

…

$$\Delta a_n = a_{n+1} - a_n = \frac{1}{b+n+1} - \frac{1}{b+n} = -\frac{1}{(b+n)(b+n+1)}$$

$$\Delta^2 a_0 = \Delta a_1 - \Delta a_0 = \frac{-1}{(b+1)(b+2)} - \frac{-1}{b(b+1)}$$

$$= \frac{2}{b(b+1)(b+2)}$$

$$\Delta^2 a_1 = \Delta a_2 - \Delta a_1 = \frac{-1}{(b+2)(b+3)} - \frac{-1}{(b+1)(b+2)}$$

$$= \frac{2}{(b+1)(b+2)(b+3)}$$

$$\Delta^2 a_2 = \Delta a_3 - \Delta a_2 = \frac{-1}{(b+3)(b+4)} - \frac{-1}{(b+2)(b+3)}$$

$$= \frac{2}{(b+2)(b+3)(b+4)}$$

…

$$\Delta^3 a_0 = \Delta^2 a_1 - \Delta^2 a_0 = \frac{2}{(b+1)(b+2)(b+3)} - \frac{2}{b(b+1)(b+2)}$$

$$= -\frac{6}{b(b+1)(b+2)(b+3)} = -\frac{3!}{b(b+1)(b+2)(b+3)}$$

$$\Delta^3 a_1 = \Delta^2 a_2 - \Delta^2 a_1$$

$$= \frac{2}{(b+2)(b+3)(b+4)} - \frac{2}{(b+1)(b+2)(b+3)}$$

$$= -\frac{6}{(b+1)(b+2)(b+3)(b+4)}$$

…

$$\Delta^4 a_0 = \Delta^3 a_1 - \Delta^3 a_0$$

$$= \frac{-6}{(b+1)(b+2)(b+3)(b+4)} - \frac{-6}{b(b+1)(b+2)(b+3)}$$

$$= \frac{24}{b(b+1)(b+2)(b+3)(b+4)}$$

$$= \frac{4!}{b(b+1)(b+2)(b+3)(b+4)}$$

…

$$\Delta^p a_n = (-1)^p \frac{p!}{(b+n)(b+n+1)\cdots(b+n+p)}$$

于是,用欧拉变换公式(4.7),得到级数

$$\sum_{n=0}^{\infty} (-1)^n \frac{1}{b+n} = \sum_{p=0}^{\infty} (-1)^p \frac{(-1)^p p!}{b(b+1)(b+2)\cdots(b+p)} \left(\frac{1}{2}\right)^{p+1}$$

$$= \sum_{p=0}^{\infty} \frac{1}{2^{p+1}} \frac{p!}{b(b+1)(b+2)\cdots(b+p)}$$

当 $b=1$ 时,级数 $\sum\limits_{n=0}^{\infty} (-1)^n \frac{1}{1+n}$ 可展开为

$$\sum_{n=0}^{\infty} (-1)^n \frac{1}{1+n}$$

$$= 1 - \frac{1}{2} + \frac{1}{3} - \frac{1}{4} + \frac{1}{5} - \frac{1}{6} + \frac{1}{7} - \frac{1}{8} + \frac{1}{9} - \frac{1}{10} + \frac{1}{11} - \cdots$$

它就是 $\ln 2$.

取该级数的前 10 项:

$$\sum_{n=0}^{\infty} (-1)^n \frac{1}{1+n} = 1 - \frac{1}{2} + \frac{1}{3} - \frac{1}{4} + \frac{1}{5} - \frac{1}{6} + \frac{1}{7} - \frac{1}{8} + \frac{1}{9} - \frac{1}{10}$$

$$= 0.6456349206$$

取该级数的前 11 项:

$$\sum_{n=0}^{\infty} (-1)^n \frac{1}{1+n} = 1 - \frac{1}{2} + \frac{1}{3} - \frac{1}{4} + \frac{1}{5} - \frac{1}{6} + \frac{1}{7} - \frac{1}{8} + \frac{1}{9} - \frac{1}{10} + \frac{1}{11}$$

$$= 0.7365440115$$

远未达到其真值 0.6931471806….

但是若用欧拉变换计算 $\ln 2$,则有

$$\ln 2 = \sum_{n=0}^{\infty} (-1)^n \frac{1}{1+n} = \sum_{p=0}^{\infty} \frac{1}{2^{p+1}} \frac{p!}{1 \cdot 2 \cdot 3 \cdot \cdots \cdot (p+1)}$$

$$= \sum_{p=0}^{\infty} \frac{1}{2^{p+1}} \frac{p!}{(p+1)!} = \sum_{p=0}^{\infty} \frac{1}{2^{p+1}} \frac{1}{p+1}$$

$$= \frac{1}{2} + \frac{1}{8} + \frac{1}{24} + \frac{1}{64} + \frac{1}{160} + \frac{1}{384} + \frac{1}{896} + \frac{1}{2048} + \frac{1}{4608} + \frac{1}{10240} + \frac{1}{22528} + \cdots$$

$$= 0.6931092454\cdots$$

这里也取了 11 项,就已经非常逼近其真值 0.6931471806…了.小数点后面的四位是完全相同的.

可以看到,用欧拉变换的公式 $\sum_{p=0}^{\infty} \frac{1}{2^{p+1}} \frac{1}{p+1}$,比用原公式 $\sum_{n=0}^{\infty} (-1)^n \frac{1}{1+n}$ 计算 $\ln 2$ 快得多.

例 4.2 设 $a_n = \frac{1}{b+2n}$,求其和 $\sum_{n=0}^{\infty} (-1)^n \frac{1}{b+2n}$.

解 将 a_n 改写为

$$a_n = \frac{1}{b+2n} = \frac{1}{2} \cdot \frac{1}{\frac{b}{2}+n}$$

把原来的 b 用 $\frac{b}{2}$ 替代,那么

$$\Delta^p a_0 = \frac{1}{2}(\Delta^{p-1} a_1 - \Delta^{p-1} a_0)$$

$$= (-1)^p \frac{1}{2} \cdot \frac{p!}{\frac{b}{2}\left(\frac{b}{2}+1\right)\left(\frac{b}{2}+2\right)\cdots\left(\frac{b}{2}+p\right)}$$

$$= (-1)^p \frac{1}{2} \cdot \frac{2^{p+1} p!}{b(b+2)(b+4)\cdots(b+2p)}$$

当 $b=1$ 时,用 $x=1$ 的欧拉公式(4.7),则有

$$\sum_{n=0}^{\infty} \frac{(-1)^n}{2n+1} = \frac{1}{2} \sum_{p=0}^{\infty} \frac{p!}{1 \cdot (1+2)(1+4)\cdots(1+2p)}$$

$$= \frac{1}{2} \sum_{p=0}^{\infty} \frac{p!}{(2p+1)!!}$$

该式左边就是 arctan 1 或者说是$\frac{\pi}{4}$.这就是说,$\frac{\pi}{4}$可用该式右边计算,即

$$\begin{aligned}\frac{\pi}{4} &= \frac{1}{2}\sum_{p=0}^{\infty}\frac{p!}{(2p+1)!!}\\ &= \frac{1}{2}\cdot\left(1+\frac{1}{3}+\frac{2!}{5!!}+\frac{3!}{7!!}+\frac{4!}{9!!}+\cdots\right)\\ &= \frac{1}{2}\cdot\left(1+\frac{1}{3}+\frac{2}{15}+\frac{6}{105}+\frac{24}{945}+\cdots\right)\end{aligned} \tag{4.8}$$

相比原来的计算公式

$$\frac{\pi}{4} = \sum_{n=0}^{\infty}\frac{(-1)^n}{2n+1} = 1-\frac{1}{3}+\frac{1}{5}-\frac{1}{7}+\frac{1}{9}-\cdots$$

其收敛速度要快得多.

上述例题的计算表明,欧拉变换能使级数计算速度大大加快!

回过头来,我们再来求 $\arctan x = \sum_{n=0}^{\infty}(-1)^n\frac{1}{2n+1}x^{2n+1}$ 的欧拉变换.

上面我们已经求出系数部分的差分的一般表达式

$$\begin{aligned}\Delta^p a_0 &= (-1)^p\frac{1}{2}\cdot\frac{2^{p+1}p!}{1\cdot(1+2)(1+4)\cdots(1+2p)}\\ &= (-1)^p\frac{2^p p!}{(2p+1)!!}\\ &= (-1)^p\frac{(2p)!!}{(2p+1)!!}\end{aligned}$$

那么在变换公式(4.6)

$$\sum_{n=0}^{\infty}(-1)^n a_n x^n = \frac{1}{1+x}\sum_{p=0}^{\infty}(-1)^p\Delta^p a_0\left(\frac{x}{1+x}\right)^p$$

中,令 $a_n=\frac{1}{2n+1}$,用 x^2 代替 x,并在等式两边乘因子 x,得

$$\begin{aligned}\arctan x &= \sum_{n=0}^{\infty}(-1)^n\frac{1}{2n+1}x^{2n+1}\\ &= \frac{x}{1+x^2}\sum_{p=0}^{\infty}(-1)^p\Delta^p a_0\left(\frac{x^2}{1+x^2}\right)^p\end{aligned}$$

这样,我们得到

$$\arctan x = \frac{x}{1+x^2}\sum_{p=0}^{\infty}(-1)^p\frac{(-1)^p(2p)!!}{(2p+1)!!}\left(\frac{x^2}{1+x^2}\right)^p$$

$$= \frac{x}{1+x^2}\sum_{p=0}^{\infty}\frac{(2p)!!}{(2p+1)!!}\left(\frac{x^2}{1+x^2}\right)^p \tag{4.9}$$

这就是反正切函数的欧拉变换公式.

下面我们来验证一下这个公式.

把(4.9)式右边展开,得

$$\begin{aligned}\arctan x &= \frac{x}{1+x^2}\sum_{p=0}^{\infty}\frac{(2p)!!}{(2p+1)!!}\left(\frac{x^2}{1+x^2}\right)^p \\ &= \frac{x}{1+x^2}\left[1+\frac{2!!}{3!!}\frac{x^2}{1+x^2}+\frac{4!!}{5!!}\left(\frac{x^2}{1+x^2}\right)^2+\frac{6!!}{7!!}\left(\frac{x^2}{1+x^2}\right)^3\right. \\ &\quad \left.+\frac{8!!}{9!!}\left(\frac{x^2}{1+x^2}\right)^4+\frac{10!!}{11!!}\left(\frac{x^2}{1+x^2}\right)^5+\frac{12!!}{13!!}\left(\frac{x^2}{1+x^2}\right)^6+\cdots\right] \\ &= \frac{x}{1+x^2}\left[1+\frac{2}{3}\frac{x^2}{1+x^2}+\frac{8}{15}\left(\frac{x^2}{1+x^2}\right)^2+\frac{48}{105}\left(\frac{x^2}{1+x^2}\right)^3\right. \\ &\quad +\frac{384}{945}\left(\frac{x^2}{1+x^2}\right)^4+\frac{3840}{10395}\left(\frac{x^2}{1+x^2}\right)^5+\frac{46080}{135105}\left(\frac{x^2}{1+x^2}\right)^6 \\ &\quad \left.+\cdots\right]\end{aligned}$$

我们来验证一下这个公式:

设 $x=0.5$,则$\frac{x}{1+x^2}=\frac{0.5}{1+0.25}=0.4$,$\frac{x^2}{1+x^2}=\frac{0.25}{1.25}=0.2$,把它们代入上式,则有

$$\begin{aligned}\arctan 0.5 &= 0.4\left(1+\frac{2}{3}\times 0.2+\frac{8}{15}\times 0.04+\frac{48}{105}\times 0.008\right. \\ &\quad +\frac{384}{945}\times 0.0016+\frac{3840}{10395}\times 0.00032+\frac{46080}{135105}\times 0.000064 \\ &\quad \left.+\cdots\right) \\ &= 0.4(1+0.1\dot{3}+0.021\dot{3}+0.00365714+0.00065016 \\ &\quad +0.00011821+0.00002183+\cdots) \\ &= 0.463645599\cdots(\text{弧度}) \\ &\approx 26.565^\circ\end{aligned}$$

验证:从三角函数表中查得,角度为26.565°的正切函数值为

$$\tan 26.565^\circ = 0.4999988 \approx 0.5$$

这表明,公式(4.9)是正确的.

再次提醒读者,凡三角函数展开式中的角度变量都是用弧度为单位的,计算时要格外小心.

第5章　傅里叶(Fourier)级数

5.1　傅里叶级数的定义

设 $f(x)$是以 2π 为周期、在区间$[-\pi,\pi]$上可积的函数,记

$$a_n = \frac{1}{\pi}\int_{-\pi}^{\pi} f(x)\cos nx\mathrm{d}x \quad (n = 0,1,2,3,\cdots) \tag{5.1}$$

$$b_n = \frac{1}{\pi}\int_{-\pi}^{\pi} f(x)\sin nx\mathrm{d}x \quad (n = 1,2,3,\cdots) \tag{5.2}$$

则称级数

$$\frac{a_0}{2} + \sum_{n=1}^{\infty}(a_n\cos nx + b_n\sin nx) \tag{5.3}$$

为 $f(x)$的傅里叶级数,并称 $a_0,a_n,b_n(n=1,2,3,\cdots)$为 $f(x)$的傅里叶系数.函数 $f(x)$的傅里叶级数不一定收敛于 $f(x)$.只有当 $f(x)$满足一定的条件时,才能判断它的傅里叶级数是收敛的,以及收敛到何值.

当 $n\to\infty$时,若级数(5.3)收敛到 $f(x)$,则称

$$\frac{a_0}{2} + \sum_{n=1}^{\infty}(a_n\cos nx + b_n\sin nx) \tag{5.4}$$

为函数 $f(x)$的傅里叶级数.傅里叶级数是一类特殊的三角级数.

傅里叶级数在数学、物理,以及工程技术等方面有广泛的应用.

5.2　三角函数系及其正交性

傅里叶级数是三角级数.因此我们首先要了解三角函数的性质.

由 $\sin x, \cos x, \sin 2x, \cos 2x, \cdots, \sin nx, \cos nx, \cdots$ 构成一个三角函数系.它们都是以 2π 为周期的周期函数.它们中任何两个函数的乘积在一个周期内的积分皆为0,这就是三角函数的正交性.

不难证明

$$\int_{-\pi}^{\pi} \cos kx \mathrm{d}x = 0, \quad \int_{-\pi}^{\pi} \sin kx \mathrm{d}x = 0 \quad (k = 1,2,3,\cdots)$$

因为

$$\int_{-\pi}^{\pi} \cos kx \mathrm{d}x = \left. \frac{\sin kx}{k} \right|_{-\pi}^{\pi} = 0, \quad \int_{-\pi}^{\pi} \sin kx \mathrm{d}x = - \left. \frac{\cos kx}{k} \right|_{-\pi}^{\pi} = 0$$

利用三角公式

$$\sin kx \cos lx = \frac{1}{2}[\sin(k+l)x + \sin(k-l)x]$$

$$\sin kx \sin lx = \frac{1}{2}[\cos(k-l)x - \cos(k+l)x]$$

$$\cos kx \cos lx = \frac{1}{2}[\cos(k+l)x + \cos(k-l)x]$$

其中 $k=1,2,3,\cdots$; $l=1,2,3,\cdots$,于是有

$$\int_{-\pi}^{\pi} \cos kx \sin lx \mathrm{d}x = 0 \quad (k \neq l)$$

$$\int_{-\pi}^{\pi} \cos kx \cos lx \mathrm{d}x = 0 \quad (k \neq l)$$

$$\int_{-\pi}^{\pi} \sin kx \sin lx \mathrm{d}x = 0 \quad (k \neq l)$$

因为

$$\cos^2 kx = \frac{1+\cos 2kx}{2}, \quad \sin^2 kx = \frac{1-\cos 2kx}{2}$$

所以

$$\int_{-\pi}^{\pi} \cos^2 kx\mathrm{d}x = \int_{-\pi}^{\pi} \frac{1 + \cos 2kx}{2}\mathrm{d}x = \int_{-\pi}^{\pi} \frac{1}{2}\mathrm{d}x + \int_{-\pi}^{\pi} \frac{1}{2}\cos 2kx\mathrm{d}x = \pi$$

$$\int_{-\pi}^{\pi} \sin^2 kx\mathrm{d}x = \int_{-\pi}^{\pi} \frac{1 - \cos 2kx}{2}\mathrm{d}x = \int_{-\pi}^{\pi} \frac{1}{2}\mathrm{d}x - \int_{-\pi}^{\pi} \frac{1}{2}\cos 2kx\mathrm{d}x = \pi$$

由此可推演出一个三角函数系

$$\frac{1}{\sqrt{2\pi}}, \quad \frac{1}{\sqrt{\pi}}\cos kx, \quad \frac{1}{\sqrt{\pi}}\sin kx \quad (k = 1,2,3,\cdots)$$

它们组成一个正交系,其中任何两个函数相乘之积,从 0 到 2π(或从 $-\pi$ 到 $+\pi$)之间的积分为 0;每个函数自己的平方的积分为 1.前者称为三角函数的正交性;后者称为就范正交性.

5.3 傅里叶级数的复数形式

由欧拉公式

$$\mathrm{e}^{\mathrm{i}kx} = \cos kx + \mathrm{i}\sin kx, \quad \mathrm{e}^{-\mathrm{i}kx} = \cos kx - \mathrm{i}\sin kx$$

得到

$$\cos kx = \frac{\mathrm{e}^{\mathrm{i}kx} + \mathrm{e}^{-\mathrm{i}kx}}{2}, \quad \sin kx = \frac{\mathrm{e}^{\mathrm{i}kx} - \mathrm{e}^{-\mathrm{i}kx}}{2\mathrm{i}}$$

那么,函数 $f(x)$的傅里叶级数可写成

$$\begin{aligned}&\frac{a_0}{2} + \sum_{k=1}^{\infty}\left(a_k \frac{\mathrm{e}^{\mathrm{i}kx} + \mathrm{e}^{-\mathrm{i}kx}}{2} + \mathrm{i}b_k \frac{\mathrm{e}^{-\mathrm{i}kx} - \mathrm{e}^{\mathrm{i}kx}}{2}\right)\\ &= \frac{a_0}{2} + \sum_{k=1}^{\infty} \frac{a_k - \mathrm{i}b_k}{2}\mathrm{e}^{\mathrm{i}kx} + \sum_{k=1}^{\infty} \frac{a_k + \mathrm{i}b_k}{2}\mathrm{e}^{-\mathrm{i}kx}\\ &= \sum_{k=-\infty}^{\infty} F_k \mathrm{e}^{\mathrm{i}kx}\end{aligned}$$

其中

$$F_0 = \frac{a_0}{2} = \frac{1}{2\pi}\int_{-\pi}^{\pi} f(x)\mathrm{d}x$$

$$F_{+k} = \frac{1}{2}(a_k - \mathrm{i}b_k) = \frac{1}{2\pi}\int_{-\pi}^{\pi} f(x)(\cos kx - \mathrm{i}\sin kx)\mathrm{d}x$$

$$= \frac{1}{2\pi}\int_{-\pi}^{\pi} f(x)\mathrm{e}^{-\mathrm{i}kx}\mathrm{d}x$$

$$F_{-k} = \frac{1}{2}(a_k + \mathrm{i}b_k) = \frac{1}{2\pi}\int_{-\pi}^{\pi} f(x)(\cos kx + \mathrm{i}\sin kx)\mathrm{d}x$$

$$= \frac{1}{2\pi}\int_{-\pi}^{\pi} f(x)\mathrm{e}^{\mathrm{i}kx}\mathrm{d}x$$

我们称

$$\sum_{k=-\infty}^{\infty} F_k \mathrm{e}^{\mathrm{i}kx} \tag{5.5}$$

为函数 $f(x)$的傅里叶级数的复数形式.其中 F_0, F_{+k}, F_{-k} 为复数傅里叶系数,F_{+k}, F_{-k}互为共轭复数:$F_{+k} = \overline{F}_{-k}(k=1,2,3,\cdots)$.

5.4 傅里叶级数的收敛判别法

1. 黎曼-勒贝格(Rimann-Lebesgue)定理

对于任何一个有限区间$[a,b]$上的任何一个黎曼可积函数$f(x)$,有

$$\lim_{\lambda\to\infty}\int_a^b f(x)\sin \lambda x\mathrm{d}x = 0, \quad \lim_{\lambda\to\infty}\int_a^b f(x)\cos \lambda x\mathrm{d}x = 0 \tag{5.6}$$

这就是黎曼-勒贝格定理.

证明如下:

将$[a,b]$分成n 个部分,并用分点表示:

$$a = x_0 < x_1 < x_2 < \cdots < x_n = b \tag{5.7}$$

用 M_i 和m_i 分别表示$f(x)$在$[x_i, x_{i+1}]$上的上确界和下确界,那么

$$\int_a^b f(x)\sin \lambda x\mathrm{d}x = \sum_{i=0}^{n-1}\int_{x_i}^{x_{i+1}}[f(x) - m_i]\sin \lambda x\mathrm{d}x$$

$$+\sum_{i=0}^{n-1} m_i \int_{x_i}^{x_{i+1}} \sin \lambda x \mathrm{d}x$$

由

$$\left|\int_{x_i}^{x_{i+1}} [f(x) - m_i] \sin \lambda x \mathrm{d}x\right| \leqslant \int_{x_i}^{x_{i+1}} (M_i - m_i) \mathrm{d}x = (M_i - m_i)(x_{i+1} - x_i)$$

及

$$\left|\int_{x_i}^{x_{i+1}} \sin \lambda x \mathrm{d}x\right| \leqslant \frac{2}{\lambda}$$

得到

$$\left|\int_a^b f(x) \sin \lambda x \mathrm{d}x\right| \leqslant \sum_{i=0}^{n-1} (M_i - m_i)(x_{i+1} - x_i) + \frac{2}{\lambda} \sum_{i=0}^{n-1} |m_i|$$

任给一个 $\varepsilon > 0$ 的数，因为 $f(x)$ 为黎曼可积函数，所以在 $[a,b]$ 上用 (5.7)式的分法，使

$$\sum_{i=0}^{n-1} (M_i - m_i)(x_{i+1} - x_i) < \frac{\varepsilon}{2}$$

分法确定后，$\sum_{i=0}^{n-1} |m_i|$ 为一个确定数，取 $\delta = \frac{4}{\varepsilon} \sum_{i=0}^{n-1} |m_i|$，当 $\lambda > \delta$ 时

$$\left|\int_a^b f(x) \sin \lambda x \mathrm{d}x\right| < \varepsilon$$

同理

$$\left|\int_a^b f(x) \cos \lambda x \mathrm{d}x\right| < \varepsilon$$

因此得到

$$\lim_{\lambda \to \infty} \int_a^b f(x) \sin \lambda x \mathrm{d}x = 0, \quad \lim_{\lambda \to \infty} \int_a^b f(x) \cos \lambda x \mathrm{d}x = 0$$

2. 贝塞尔(Bessel)不等式和帕塞瓦尔(Parseval)等式

如果 $f(x)$ 是 $(-\pi, \pi)$ 上的一个函数，那么怎样的三角多项式

$$g(x) = \frac{\alpha_0}{2} + \sum_{k=1}^{n} (\alpha_k \cos kx + \beta_k \sin kx) \tag{5.8}$$

使平方中值误差

$$\int_{-\pi}^{\pi} |f(x) - g(x)|^2 \mathrm{d}x \tag{5.9}$$

最小,亦即要确定系数 α_k,β_k,使$\int_{-\pi}^{\pi}|f(x)-g(x)|^2\mathrm{d}x$ 的值最小.

把(5.9)式写出来,其中 $f(x)=\dfrac{a_0}{2}+\sum\limits_{k=1}^{n}(a_k\cos kx+b_k\sin kx)$:

$$\int_{-\pi}^{\pi}\left\{f(x)-\left[\frac{\alpha_0}{2}+\sum_{k=1}^{n}(\alpha_k\cos kx+\beta_k\sin kx)\right]\right\}^2\mathrm{d}x$$

$$=\int_{-\pi}^{\pi}f^2(x)\mathrm{d}x-2\int_{-\pi}^{\pi}\left[\frac{\alpha_0}{2}+\sum_{k=1}^{n}(\alpha_k\cos kx+\beta_k\sin kx)\right]\cdot f(x)\mathrm{d}x$$

$$+\int_{-\pi}^{\pi}\left[\frac{\alpha_0}{2}+\sum_{k=1}^{n}(\alpha_k\cos kx+\beta_k\sin kx)\right]^2\mathrm{d}x$$

$$=\int_{-\pi}^{\pi}f^2(x)\mathrm{d}x-2\pi\left[\frac{\alpha_0 a_0}{2}+\sum_{k=1}^{n}(\alpha_k a_k+\beta_k b_k)\right]$$

$$+\pi\left[2\left(\frac{\alpha_0}{2}\right)^2+\sum_{k=1}^{n}(\alpha_k^2+\beta_k^2)\right]$$

$$=\int_{-\pi}^{\pi}f^2(x)\mathrm{d}x+\pi\left\{2\left(\frac{\alpha_0-a_0}{2}\right)^2+\sum_{k=1}^{n}[(\alpha_k-a_k)^2+(\beta_k-b_k)^2]\right\}$$

$$-\pi\left[\frac{a_0^2}{2}+\sum_{k=1}^{n}(a_k^2+b_k^2)\right]$$

$$\geqslant\int_{-\pi}^{\pi}f^2(x)\mathrm{d}x-\pi\left[\frac{a_0^2}{2}+\sum_{k=1}^{n}(a_k^2+b_k^2)\right]$$

所以,仅当 $\alpha_0=a_0$,$\alpha_k=a_k$,$\beta_k=b_k$ 时能取最小值.它的最小值为

$$\int_{-\pi}^{\pi}f^2(x)\mathrm{d}x-\pi\left[\frac{a_0^2}{2}+\sum_{k=1}^{n}(a_k^2+b_k^2)\right]\tag{5.10}$$

这就是说,如果三角多项式 $g(x)$的系数就是 $f(x)$的傅里叶系数,则原来的函数$f(x)$与这个三角多项式 $g(x)$的平方中值差最小.

由于

$$\int_{-\pi}^{\pi}|f(x)-g(x)|^2\mathrm{d}x\geqslant 0$$

所以,从(5.10)式得到

$$\frac{1}{\pi}\int_{-\pi}^{\pi}f^2(x)\mathrm{d}x\geqslant\frac{a_0^2}{2}+\sum_{k=1}^{n}(a_k^2+b_k^2)$$

当 $n\to\infty$ 时,有

$$\frac{1}{\pi}\int_{-\pi}^{\pi} f^2(x)\mathrm{d}x \geqslant \frac{a_0^2}{2} + \sum_{k=1}^{\infty}(a_k^2 + b_k^2) \tag{5.11}$$

(5.11)式称作**贝塞尔不等式**.

(5.11)式右边级数的收敛性是由单调递增有界数列必有极限的性质得到的.由此可得

$$a_k = \frac{1}{\pi}\int_{-\pi}^{\pi} f(x)\cos kx\mathrm{d}x \to 0$$

$$b_k = \frac{1}{\pi}\int_{-\pi}^{\pi} f(x)\sin kx\mathrm{d}x \to 0$$

如果 $f(x)$是连续函数,则贝塞尔不等式就成为等式:

$$\frac{1}{\pi}\int_{-\pi}^{\pi} f^2(x)\mathrm{d}x = \frac{a_0^2}{2} + \sum_{k=1}^{\infty}(a_k^2 + b_k^2) \tag{5.12}$$

(5.12)式称作**帕塞瓦尔等式**.

3. 傅里叶级数收敛性判断

考虑 $f(x)$的傅里叶级数的部分和

$$S_n = S_n(x) = \frac{a_0}{2} + \sum_{k=1}^{n}(a_k\cos kx + b_k\sin kx) \tag{5.13}$$

此处

$$a_k = \frac{1}{\pi}\int_{-\pi}^{\pi} f(t)\cos kt\mathrm{d}t$$

$$b_k = \frac{1}{\pi}\int_{-\pi}^{\pi} f(t)\sin kt\mathrm{d}t$$

那么,(5.13)式还可以写成

$$\begin{aligned} S_n &= \frac{1}{2\pi}\int_{-\pi}^{\pi} f(t)\mathrm{d}t \\ &\quad + \frac{1}{\pi}\sum_{k=1}^{n}\left[\cos kx\int_{-\pi}^{\pi} f(t)\cos kt\mathrm{d}t + \sin kx\int_{-\pi}^{\pi} f(t)\sin kt\mathrm{d}t\right] \\ &= \frac{1}{\pi}\int_{-\pi}^{\pi}\left[\frac{1}{2} + \sum_{k=1}^{n}\cos(x-t)\right]f(t)\mathrm{d}t \\ &= \frac{1}{2\pi}\int_{-\pi}^{\pi}\frac{\sin\left(n+\frac{1}{2}\right)(x-t)}{\sin\frac{1}{2}(x-t)}f(t)\mathrm{d}t \end{aligned} \tag{5.14}$$

这里用了三角函数恒等式

$$\frac{1}{2}+\sum_{k=1}^{n}\cos k\varphi=\frac{\sin\left(n+\frac{1}{2}\right)\varphi}{2\sin\frac{1}{2}\varphi} \tag{5.15}$$

(后面将会证明这个公式.)

令 $t=x+u$,则(5.14)式变成

$$S_n=\frac{1}{2\pi}\int_{-\pi-x}^{\pi-x}\frac{\sin\left(n+\frac{1}{2}\right)u}{\sin\frac{1}{2}u}f(x+u)\mathrm{d}u$$

由于被积函数是以 2π 为周期的,所以

$$S_n=\frac{1}{2\pi}\int_{-\pi}^{\pi}\frac{\sin\left(n+\frac{1}{2}\right)u}{\sin\frac{1}{2}u}f(x+u)\mathrm{d}u \tag{5.16}$$

(5.16)式叫作**狄利克雷(Dirichlet)积分**.

三角恒等式 $\frac{1}{2}+\sum_{k=1}^{n}\cos k\varphi=\frac{\sin\left(n+\frac{1}{2}\right)\varphi}{2\sin\frac{1}{2}\varphi}$ 的证明:

把该式变为

$$2\sin\frac{1}{2}\varphi\left(\frac{1}{2}+\sum_{k=1}^{n}\cos k\varphi\right)=\sin\left(n+\frac{1}{2}\right)\varphi \tag{A}$$

该式(A):

$$\begin{aligned}
&(\text{左端})2\sin\frac{1}{2}\varphi\left(\frac{1}{2}+\sum_{k=1}^{n}\cos k\varphi\right)\\
&=2\sin\frac{1}{2}\varphi\left(\frac{1}{2}+\cos\varphi+\cos 2\varphi+\cos 3\varphi+\cdots+\cos n\varphi\right)\\
&=2\left(\frac{1}{2}\sin\frac{1}{2}\varphi+\sin\frac{1}{2}\varphi\cos\varphi+\sin\frac{1}{2}\varphi\cos 2\varphi+\sin\frac{1}{2}\varphi\cos 3\varphi\right.\\
&\quad\left.+\cdots+\sin\frac{1}{2}\varphi\cos n\varphi\right)\\
&=2\left\{\frac{1}{2}\sin\frac{1}{2}\varphi+\frac{1}{2}\left[\sin\frac{3}{2}\varphi+\sin\left(-\frac{1}{2}\varphi\right)\right]\right.
\end{aligned}$$

$$+\frac{1}{2}\left[\sin\frac{5}{2}\varphi+\sin\left(-\frac{3}{2}\varphi\right)\right]+\frac{1}{2}\left[\sin\frac{7}{2}\varphi+\sin\left(-\frac{5}{2}\varphi\right)\right]$$

$$+\cdots+\frac{1}{2}\left[\sin\left(\frac{1}{2}+n\right)\varphi+\sin\left(\frac{1}{2}-n\right)\varphi\right]\Big\}$$

$$=2\left[\frac{1}{2}\sin\frac{1}{2}\varphi+\frac{1}{2}\sin\frac{3}{2}\varphi-\frac{1}{2}\sin\frac{1}{2}\varphi+\frac{1}{2}\sin\frac{5}{2}\varphi-\frac{1}{2}\sin\frac{3}{2}\varphi\right.$$

$$\left.+\frac{1}{2}\sin\frac{7}{2}\varphi-\frac{1}{2}\sin\frac{5}{2}\varphi+\cdots+\frac{1}{2}\sin\left(\frac{1}{2}+n\right)\varphi-\frac{1}{2}\sin\left(n-\frac{1}{2}\right)\varphi\right]$$

$$=2\cdot\frac{1}{2}\sin\left(n+\frac{1}{2}\right)\varphi=\sin\left(n+\frac{1}{2}\right)\varphi\text{(右端)}$$

这里证明了(A)式的左端=右端,亦即证明了恒等式(5.15):

$$\frac{1}{2}+\sum_{k=1}^{n}\cos k\varphi=\frac{\sin\left(n+\frac{1}{2}\right)\varphi}{2\sin\frac{1}{2}\varphi}$$

回过头来,我们再来研究狄利克雷积分[(5.16)式]:

$$S_n=\frac{1}{2\pi}\int_{-\pi}^{\pi}\frac{\sin\left(n+\frac{1}{2}\right)u}{\sin\frac{1}{2}u}f(x+u)\mathrm{d}u$$

把积分部分分成两部分:

$$\int_{-\pi}^{\pi}=\int_{0}^{\pi}+\int_{-\pi}^{0}$$

第2部分以 $-u$ 代替 u,那么

$$S_n=\frac{1}{2\pi}\int_{0}^{\pi}\frac{\sin\left(n+\frac{1}{2}\right)u}{\sin\frac{1}{2}u}[f(x+u)+f(x-u)]\mathrm{d}u\quad(5.17)$$

特别地,当 $f(x)=1$ 时,$S_n=1$,于是

$$1=\frac{1}{2\pi}\int_{0}^{\pi}\frac{\sin\left(n+\frac{1}{2}\right)u}{\sin\frac{1}{2}u}2\mathrm{d}u\quad(5.18)$$

(5.18)式乘上 S(S 为常数),得

$$S=\frac{1}{2\pi}\int_0^\pi \frac{\sin\left(n+\frac{1}{2}\right)u}{\sin\frac{1}{2}u}2S\mathrm{d}u \tag{5.19}$$

(5.17)式减去(5.19)式，得

$$S_n-S=\frac{1}{2\pi}\int_0^\pi \frac{\sin\left(n+\frac{1}{2}\right)u}{\sin\frac{1}{2}u}[f(x+u)+f(x-u)-2S]\mathrm{d}u$$

令

$$\varphi(u)=f(x+u)+f(x-u)-2S \tag{5.20}$$

则

$$S_n-S=\frac{1}{2\pi}\int_0^\pi \frac{\sin\left(n+\frac{1}{2}\right)u}{\sin\frac{1}{2}u}\varphi(u)\mathrm{d}u \tag{5.21}$$

因此，收敛条件是

$$\lim_{n\to\infty}\int_0^\pi \frac{\sin\left(n+\frac{1}{2}\right)u}{\sin\frac{1}{2}u}\varphi(u)\mathrm{d}u=0 \tag{5.22}$$

由此得到傅里叶级数收敛性的判别法：

如果函数 $f(x)$ 在 $[-\pi,\pi]$ 上可积，且在 $x=x_0$ 处极限

$$\lim_{u\to 0}\frac{\varphi(u)}{u}=\lim_{u\to 0}\frac{f(x_0+u)+f(x_0-u)-2S}{u}$$

存在，则当 $n\to\infty$ 时，$S_n\to S$，也就是 $f(x)$ 的傅里叶级数的部分和 S_n 在 $x=x_0$ 处收敛于 S.

如果 $f(x)$ 在 $x=x_0$ 处连续，那么 S_n 就趋向于 $S=f(x)$；若 $f(x)$ 在 $x=x_0$ 处是左连续及右连续，即 $f(x_0-0)$ 及 $f(x_0+0)$ 都存在，则

$$S=\frac{1}{2}[f(x_0+0)+f(x_0-0)] \tag{5.23}$$

$$S_n\to\frac{1}{2}[f(x_0+0)+f(x_0-0)] \tag{5.24}$$

若 $f(x)$ 是在 $[-\pi,\pi]$ 上逐段光滑，并以 2π 为周期的函数，则 $f(x)$ 的傅

里叶级数在[$-\pi,\pi$]上的任意点 x 收敛于

$$S(x) = \frac{1}{2}[f(x+0)+f(x-0)] \tag{5.25}$$

5.5 傅里叶级数例题

例 5.1 在区间($-\pi,\pi$)中,把 $f(x)=x$ 展开为傅里叶级数.

解 因为 x 是奇函数,所以

$$a_0 = \frac{1}{\pi}\int_{-\pi}^{\pi} x\mathrm{d}x = \frac{1}{\pi}\left.\frac{x^2}{2}\right|_{-\pi}^{\pi} = 0$$

$$a_n = \frac{1}{\pi}\int_{-\pi}^{\pi} x\cos nx\mathrm{d}x = 0$$

$$b_n = \frac{1}{\pi}\int_{-\pi}^{\pi} x\sin nx\mathrm{d}x = \frac{2}{\pi}\int_0^{\pi} x\sin nx\mathrm{d}x = -\frac{2}{\pi}\int_0^{\pi} x\,\frac{\mathrm{d}\cos nx}{n}$$

$$= \frac{2}{\pi}\left(-\left.\frac{x\cos nx}{n}\right|_0^{\pi} + \frac{1}{n}\int_0^{\pi}\cos nx\mathrm{d}x\right)$$

$$= \frac{2}{\pi}\,\frac{(-1)^{n-1}\pi}{n} = \frac{(-1)^{n-1}2}{n}$$

因此,x 在($-\pi,\pi$)上的傅里叶级数为

$$f(x) = x = \sum_{n=1}^{\infty} b_n\sin nx = \sum_{n=1}^{\infty}(-1)^{n-1}2\,\frac{\sin nx}{n}$$

即

$$x = 2\left[\frac{\sin x}{1} - \frac{\sin 2x}{2} + \frac{\sin 3x}{3} - \cdots + (-1)^{n-1}\frac{\sin nx}{n} + \cdots\right]$$

x 是在($-\pi,\pi$)上定义的周期函数,这个级数在 $x=\pi$ 这一点不成立,即函数在 $x=\pi$ 这点不连续.

当 $x=\frac{\pi}{2}$ 时,有

$$\frac{\pi}{4} = 1 - \frac{1}{3} + \frac{1}{5} - \frac{1}{7} + \cdots$$

例 5.2　求 $f(x)=x^2$ 在区间 $(-\pi,\pi)$ 上的傅里叶级数.

解　由于 x^2 是偶函数,所以

$$b_n = \frac{1}{\pi}\int_0^{2\pi} x^2 \sin nx\mathrm{d}x = 0$$

$$a_0 = \frac{2}{\pi}\int_0^{\pi} x^2\mathrm{d}x = \frac{2}{\pi}\cdot\frac{x^3}{3}\Big|_0^{\pi} = \frac{2}{\pi}\cdot\frac{\pi^3}{3} = \frac{2\pi^2}{3}$$

$$\begin{aligned}a_n &= \frac{2}{\pi}\int_0^{\pi} x^2\cos nx\mathrm{d}x = \frac{2}{\pi}\int_0^{\pi} x^2\,\frac{\mathrm{d}\sin nx}{n} \\ &= \frac{2}{\pi}\left(\frac{x^2\sin nx}{n}\Big|_0^{\pi} - \frac{2}{n}\int_0^{\pi} x\sin nx\mathrm{d}x\right) \\ &= \frac{4}{n\pi}\int_0^{\pi}\frac{x\mathrm{d}\cos nx}{n} = \frac{4}{n^2\pi}\left(x\cos nx\Big|_0^{\pi} - \int_0^{\pi}\cos nx\mathrm{d}x\right) \\ &= \frac{4}{n^2\pi}(-1)^n\pi = (-1)^n\,\frac{4}{n^2}\end{aligned}$$

于是,可得到

$$\begin{aligned}f(x) = x^2 &= \frac{a_0}{2} + \sum_{n=1}^{\infty} a_n\cos nx \\ &= \frac{1}{2}\cdot\frac{2\pi^2}{3} + \sum_{n=1}^{\infty}(-1)^n\,\frac{4}{n^2}\cos nx \\ &= \frac{\pi^2}{3} + 4\sum_{n=1}^{\infty}(-1)^n\,\frac{\cos nx}{n^2}\quad(-\pi < x < \pi)\end{aligned}$$

把它展开,得

$$x^2 = \frac{\pi^2}{3} + 4\left[-\frac{\cos x}{1} + \frac{\cos 2x}{4} - \frac{\cos 3x}{9} + \frac{\cos 4x}{16} - \frac{\cos 5x}{25} + \cdots\right]$$

若令 $x=0$,则

$$\frac{\pi^2}{3} = 4\left[1 - \frac{1}{4} + \frac{1}{9} - \frac{1}{16} + \frac{1}{25} - \cdots + (-1)^{n-1}\,\frac{1}{n^2} + \cdots\right]$$

或者

$$1 - \frac{1}{2^2} + \frac{1}{3^2} - \frac{1}{4^2} + \frac{1}{5^2} - \cdots + (-1)^{n-1}\,\frac{1}{n^2} + \cdots = \frac{\pi^2}{12}$$

设 $D = 1 + \frac{1}{4} + \frac{1}{9} + \frac{1}{16} + \frac{1}{25} + \cdots$,则

$$D=\frac{\pi^2}{12}+2\left[\frac{1}{4}+\frac{1}{16}+\frac{1}{36}+\cdots+\frac{1}{(2k)^2}+\cdots\right]$$
$$=\frac{\pi^2}{12}+\frac{1}{2}D$$

故

$$D=\frac{\pi^2}{6}$$

即

$$1+\frac{1}{2^2}+\frac{1}{3^2}+\frac{1}{4^2}+\frac{1}{5^2}+\cdots=\frac{\pi^2}{6}$$

例 5.3 在区间$(-\pi,\pi)$内,求 $f(x)=e^{px}$的傅里叶级数($p=$常数,$p\neq 0$).

解

$$a_0=\frac{1}{\pi}\int_{-\pi}^{\pi}e^{px}dx=\frac{e^{p\pi}-e^{-p\pi}}{p\pi}=\frac{2\sinh px}{p\pi}$$

$$a_n=\frac{1}{\pi}\int_{-\pi}^{\pi}e^{px}\cos nx dx=\frac{1}{\pi}\left[\frac{1}{p^2+n^2}e^{px}(p\cos nx+n\sin nx)\right]_{-\pi}^{\pi}$$
$$=\frac{1}{\pi}\frac{p}{p^2+n^2}\left[e^{px}\cos nx\right]_{-\pi}^{\pi}=\frac{1}{\pi}\frac{p}{p^2+n^2}\left[e^{p\pi}(-1)^n-e^{-p\pi}(-1)^n\right]$$
$$=(-1)^n\frac{1}{\pi}\frac{p}{p^2+n^2}(e^{p\pi}-e^{-p\pi})=(-1)^n\frac{1}{\pi}\frac{2p}{p^2+n^2}\frac{e^{p\pi}-e^{-p\pi}}{2}$$
$$=(-1)^n\frac{1}{\pi}\cdot\frac{2p}{p^2+n^2}\sinh p\pi$$

$$b_n=\frac{1}{\pi}\int_{-\pi}^{\pi}e^{px}\sin nx dx=\frac{1}{\pi}\left[\frac{1}{p^2+n^2}e^{px}(p\sin nx-n\cos nx)\right]_{-\pi}^{\pi}$$
$$=\frac{1}{\pi}\cdot\frac{1}{p^2+n^2}\left[e^{px}(-n\cos nx)\right]_{-\pi}^{\pi}$$
$$=\frac{1}{\pi}\frac{1}{p^2+n^2}\left[e^{p\pi}(-n)(-1)^n-e^{-p\pi}(-n)(-1)^n\right]$$
$$=\frac{1}{\pi}\frac{(-1)^{n+1}n}{p^2+n^2}(e^{p\pi}-e^{-p\pi})=(-1)^{n+1}\frac{1}{\pi}\frac{2n}{p^2+n^2}\frac{e^{p\pi}-e^{-p\pi}}{2}$$
$$=(-1)^{n+1}\frac{1}{\pi}\cdot\frac{2n}{p^2+n^2}\sinh p\pi$$

因此,在$(-\pi,\pi)$区间内,得到

$$e^{px} = \frac{a_0}{2} + \sum_{n=1}^{\infty}(a_n\cos nx + b_n\sin nx)$$

$$= \frac{\sinh p\pi}{p\pi} + \sum_{n=1}^{\infty}\Big[(-1)^n \frac{1}{\pi}\frac{2p}{p^2+n^2}\sinh p\pi\cos nx$$

$$+ (-1)^{n+1}\frac{1}{\pi}\frac{2n}{p^2+n^2}\sinh p\pi\sin nx\Big]$$

$$= \frac{2}{\pi}\sinh p\pi\Big[\frac{1}{2p} + \sum_{n=1}^{\infty}\frac{(-1)^n}{p^2+n^2}(p\cos nx - n\sin nx)\Big]$$

例 5.4　在区间$(0,2\pi)$内展开函数 $f(x)=\dfrac{\pi-x}{2}$为傅里叶级数.

解

$$a_0 = \frac{1}{\pi}\int_0^{2\pi}f(x)\mathrm{d}x = \frac{1}{\pi}\int_0^{2\pi}\frac{\pi-x}{2}\mathrm{d}x = \frac{1}{2\pi}\left(\pi x - \frac{1}{2}x^2\right)\Big|_0^{2\pi} = 0$$

$$a_n = \frac{1}{\pi}\int_0^{2\pi}\frac{\pi-x}{2}\cos nx\mathrm{d}x = \frac{1}{2\pi}\int_0^{2\pi}\frac{\pi-x}{n}\mathrm{d}\sin nx$$

$$= \frac{1}{2n\pi}\left\{[(\pi-x)\sin nx]_0^{2\pi} + \int_0^{2\pi}\sin nx\mathrm{d}x\right\}$$

$$= 0$$

$$b_n = \frac{1}{\pi}\int_0^{2\pi}\frac{\pi-x}{2}\sin nx\mathrm{d}x = \frac{1}{2\pi}\int_0^{2\pi}-\frac{\pi-x}{n}\mathrm{d}\cos nx$$

$$= \frac{1}{2n\pi}\left\{[-(\pi-x)\cos nx]_0^{2\pi} + \int_0^{2\pi}\cos nx\mathrm{d}x\right\}$$

$$= \frac{1}{2n\pi}(\pi+\pi+0) = \frac{2\pi}{2n\pi} = \frac{1}{n}$$

因此,得到

$$\frac{\pi-x}{2} = \sum_{n=1}^{\infty}b_n\sin nx = \sum_{n=1}^{\infty}\frac{\sin nx}{n}\quad(0<x<2\pi)$$

例 5.5　求 $f(x)=\cos ax$ 在$[-\pi,\pi]$上的傅里叶级数.

解　因为 $\cos ax$ 为偶函数,所以 $b_n=0$,

$$a_0 = \frac{1}{\pi}\int_{-\pi}^{\pi}f(x)\mathrm{d}x = \frac{2}{\pi}\int_0^{\pi}\cos ax\mathrm{d}x = \frac{2}{\pi}\frac{\sin ax}{a}\Big|_0^{\pi} = \frac{2\sin a\pi}{\pi a}$$

$$a_n = \frac{1}{\pi}\int_{-\pi}^{\pi}f(x)\cos nx\mathrm{d}x = \frac{2}{\pi}\int_0^{\pi}f(x)\cos nx\mathrm{d}x$$

$$= \frac{2}{\pi}\int_0^{\pi} \cos ax \cos nx \mathrm{d}x$$

$$= \frac{2}{\pi}\int_0^{\pi} \frac{1}{2}[\cos(a+n)x + \cos(a-n)x]\mathrm{d}x$$

$$= \frac{1}{\pi}\left[\frac{\sin(a+n)x}{a+n} + \frac{\sin(a-n)x}{a-n}\right]_0^{\pi}$$

$$= \frac{1}{\pi}\left[\frac{\sin(a+n)\pi}{a+n} + \frac{\sin(a-n)\pi}{a-n}\right]$$

$$= \frac{1}{\pi}\left(\frac{\sin a\pi\cos n\pi + \cos a\pi\sin n\pi}{a+n} + \frac{\sin a\pi\cos n\pi - \cos a\pi\sin n\pi}{a-n}\right)$$

$$= \frac{1}{\pi}\left[\frac{(-1)^n\sin a\pi}{a+n} + \frac{(-1)^n\sin a\pi}{a-n}\right]$$

$$= (-1)^n\frac{2a}{a^2-n^2}\cdot\frac{\sin a\pi}{\pi}$$

因此 $\cos ax$ 在$[-\pi,\pi]$上的傅里叶级数为

$$\cos ax = \frac{a_0}{2} + \sum_{n=1}^{\infty} a_n \cos nx$$

$$= \frac{\sin ax}{\pi a} + \sum_{n=1}^{\infty}(-1)^n\frac{2a}{a^2-n^2}\frac{\sin a\pi}{\pi}\cos nx$$

例 5.6 将 $f(x) = \sinh ax$ 在$[-\pi,\pi]$上展开成傅里叶级数.

解

$$a_0 = \frac{1}{\pi}\int_{-\pi}^{\pi}\sinh ax\mathrm{d}x = \frac{1}{\pi}\frac{\cosh ax}{a}\bigg|_{-\pi}^{\pi} = 0$$

$$a_n = \frac{1}{\pi}\int_{-\pi}^{\pi}\sinh ax\cos nx\mathrm{d}x$$

$$= \frac{1}{\pi}\frac{1}{a^2+n^2}(a\cosh ax\cos nx + n\sinh ax\sin nx)_{-\pi}^{\pi}$$

$$= 0$$

$$b_n = \frac{1}{\pi}\int_{-\pi}^{\pi}\sinh ax\sin nx\mathrm{d}x$$

$$= \frac{1}{\pi}\frac{1}{a^2+n^2}(a\cosh ax\sin nx - n\sinh ax\cos nx)_{-\pi}^{\pi}$$

$$= \frac{1}{\pi}\frac{1}{a^2+n^2}[-n\sinh a\pi\cdot(-1)^n 2]$$

$$= \frac{(-1)^{n+1}2n}{a^2+n^2} \cdot \frac{\sinh a\pi}{\pi}$$

因此得到

$$f(x) = \sinh ax = \sum_{n=1}^{\infty} (-1)^{n+1} \frac{2n}{a^2+n^2} \cdot \frac{\sinh a\pi}{\pi} \sin nx$$

$$= \frac{2\sinh a\pi}{\pi} \sum_{n=1}^{\infty} (-1)^{n+1} \frac{n \sin nx}{a^2+n^2}$$

从各个例题的解法中可知：

(1) 凡是在区间$(-\pi,\pi)$中的奇函数$f(x)$的傅里叶级数只含正弦项，即

$$f(x) = \sum_{n=1}^{\infty} b_n \sin nx$$

(2) 凡是在区间$(-\pi,\pi)$中的偶函数$f(x)$的傅里叶级数只含余弦项，即

$$f(x) = \frac{a_0}{2} + \sum_{n=1}^{\infty} a_n \cos nx$$

温馨提示：

奇函数：$f(x)=-f(-x)$，称奇函数，如 $y=x$，$y=x^3$，$y=\sin x$，$y=\sinh x$ 等；

偶函数：$f(x)=f(-x)$，称偶函数，如 $y=x^2$，$y=x^4$，$y=\cos x$，$y=\cosh x$ 等.

第6章 超几何级数(高斯级数)、斐波那契数列

6.1 超几何级数

6.1.1 超几何级数的定义

超几何级数是超几何方程(亦称高斯方程)

$$x(1-x)\frac{d^2 y}{dx^2}+[c-(1+a+b)]\frac{dy}{dx}-aby=0 \tag{6.1}$$

的解.超几何级数(也称高斯级数)用符号 $F(a,b;c;x)$表示,它的表达式为

$$F(a,b;c;x)=\sum_{n=0}^{\infty}\frac{(a)_n\ (b)_n}{(c)_n}\cdot\frac{x^n}{n!}\quad(|x|<1,c\neq 0,-1,-2,\cdots) \tag{6.2}$$

通常用符号

$${}_2F_1(a,b;c;x)\equiv F(a,b;c;x)$$

来标记.这里${}_2F_1$ 的左、右两边的脚标分别是:在它的级数中的分子和分母的参数的个数.此处表示分子有两个参数,分母有一个参数.

$(a)_n,(b)_n,(c)_n$ 分别表示为

$$\begin{cases}(a)_n = a(a+1)(a+2)(a+3)\cdots(a+n-1)\\(b)_n = b(b+1)(b+2)(b+3)\cdots(b+n-1)\\(c)_n = c(c+1)(c+2)(c+3)\cdots(c+n-1)\end{cases} \tag{6.3}$$

并规定当 $n=0$ 时,$(a)_0,(b)_0,(c)_0$ 皆等于1.

因此,超几何级数的展开式为

$$\begin{aligned}&F(a,b;c;x)\\&=\sum_{n=0}^{\infty}\frac{(a)_n(b)_n}{(c)_n}\cdot\frac{x^n}{n!}\\&=1+\frac{ab}{c}\frac{x}{1!}+\frac{a(a+1)b(b+1)}{c(c+1)}\frac{x^2}{2!}\\&\quad+\frac{a(a+1)(a+2)b(b+1)(b+2)}{c(c+1)(c+2)}\frac{x^3}{3!}+\cdots\\&\quad+\frac{a(a+1)(a+2)\cdots(a+n-1)\cdot b(b+1)(b+2)\cdots(b+n-1)}{c(c+1)(c+2)\cdots(c+n-1)}\\&\quad\cdot\frac{x^n}{n!}+\cdots\end{aligned} \tag{6.4}$$

当 $a=b=c=1$ 时,就变成几何级数了:

$$F(1,1;1;x)=\sum_{n=0}^{\infty}\frac{(1)_n(1)_n}{(1)_n}\frac{x^n}{n!}=1+x+x^2+x^3+\cdots+x^n+\cdots$$

6.1.2　超几何级数的收敛性质

(1) 当 $|x|<1$ 时,级数绝对收敛, 当 $|x|>1$ 时,级数发散.

由于级数的邻项比

$$\begin{aligned}&\frac{u_{n+1}}{u_n}\\&=\frac{\dfrac{a(a+1)\cdots(a+n-1)(a+n)\cdot b(b+1)\cdots(b+n-1)(b+n)}{c(c+1)\cdots(c+n-1)(c+n)}}{\dfrac{a(a+1)\cdots(a+n-1)\cdot b(b+1)\cdots(b+n-1)}{c(c+1)\cdots(c+n-1)}}\end{aligned}$$

$$\cdot \frac{\dfrac{x^{n+1}}{(n+1)!}}{\dfrac{x^n}{n!}}$$

$$= \frac{(a+n)(b+n)}{(c+n)(n+1)}x$$

因为 a,b,c 都是有限值,所以当 $n\to\infty$ 时

$$\frac{(a+n)(b+n)}{(c+n)(n+1)}\to 1,\quad \left|\frac{u_{n+1}}{u_n}\right|\to |x|$$

由此判定当 $|x|<1$ 时,级数绝对收敛,而当 $|x|>1$ 时,级数发散.

(2) 当 $c-a-b>0$ 时收敛;当 $c-a-b<0$ 时发散.

令

$$\frac{u_{n+1}}{u_n} = \frac{(a+n)(b+n)}{(c+n)(n+1)} < 1$$

则有

$$\frac{(a+n)(b+n)}{(c+n)(n+1)} = \frac{n^2+n(a+b)+ab}{n^2+n(c+1)+c} < 1$$

$$\Rightarrow n^2+n(a+b)+ab < n^2+n(c+1)+c$$

$$\Rightarrow a+b+\frac{ab}{n} < c+1+\frac{c}{n}$$

当 $n\to\infty$ 时,$a+b<c+1$,因此当 $c-a-b>0$ 时收敛,而当 $c-a-b<0$ 时发散($|x|<1$).

6.1.3 超几何级数计算举例

我们现在已经知道超几何级数的定义及运算方法了,下面举几个例子,以期大家能掌握超几何级数的计算.

例 6.1 计算超几何级数 $F(1,b;b;x)$.

解 它的表达式是

$$F(1,b;b;x) = \sum_{n=0}^{\infty}\frac{(1)_n\,(b)_n}{(b)_n}\frac{x^n}{n!}$$

把该式右边展开,得

$$F(1,b;b;x)=\sum_{n=0}^{\infty}\frac{(1)_n(b)_n}{(b)_n}\frac{x^n}{n!}=\sum_{n=0}^{\infty}(1)_n\frac{x^n}{n!}$$

$$=1+\frac{x}{1!}+(1)(1+1)\frac{x^2}{2!}+(1)(1+1)(1+2)\frac{x^3}{3!}+\cdots$$

$$+1\cdot 2\cdot 3\cdot\cdots\cdot n\frac{x^n}{n!}+\cdots$$

$$=1+x+x^2+x^3+\cdots+x^n+\cdots$$

这是一个普通的几何级数,它的首项为1,公比为 $x(|x|<1)$,当 $n\to\infty$ 时,它的和为

$$S=\lim_{n\to\infty}\frac{1-1\cdot x^n}{1-x}=\frac{1-0}{1-x}=\frac{1}{1-x}$$

即

$$F(1,b;b;x)=\frac{1}{1-x}$$

例6.2　计算超几何级数 $F(-m,b;b;-x)$.

解　写出表达式:

$$F(-m,b;b;-x)=\sum_{n=0}^{\infty}\frac{(-m)_n(b)_n}{(b)_n}\frac{(-x)^n}{n!}$$

把它展开,得

$$F(-m,b;b;-x)$$

$$=1+(-m)\frac{(-x)}{1!}+(-m)(-m+1)\frac{(-x)^2}{2!}$$

$$+(-m)(-m+1)(-m+2)\frac{(-x)^3}{3!}+\cdots$$

$$+(-m)(-m+1)(-m+2)\cdots(-m+n-1)\frac{(-x)^n}{n!}+\cdots$$

整理后,得

$$F(-m,b;b;-x)=1+mx+m(m-1)\frac{x^2}{2!}+m(m-1)(m-2)\frac{x^3}{3!}$$

$$+\cdots+m(m-1)(m-2)\cdots(m-n+1)\frac{x^n}{n!}$$

$$+\cdots$$

$$= (1+x)^m$$

看一下二项式$(1+x)^n$的展开式就明白了上面这个结果：

$$(1+x)^n = 1 + \binom{n}{1}x + \binom{n}{2}x^2 + \binom{n}{3}x^3 + \cdots$$

$$= 1 + \frac{n}{1!}x + \frac{n(n-1)}{2!}x^2 + \frac{n(n-1)(n-2)}{3!}x^3 + \cdots$$

例 6.3 证明 $\lim\limits_{a\to 0}\dfrac{F(a,b;b;-x)-1}{a} = -\ln(1+x)$.

证明 因为

$$F(a,b;b;-x) = \sum_{n=0}^{\infty}\frac{(a)_n(b)_n}{(b)_n}\frac{(-x)^n}{n!} = \sum_{n=0}^{\infty}(a)_n\frac{(-x)^n}{n!}$$

$$= 1 + a\frac{-x}{1!} + a(a+1)\frac{(-x)^2}{2!}$$

$$+ a(a+1)(a+2)\frac{(-x)^3}{3!} + \cdots$$

$$+ a(a+1)(a+2)\cdots(a+n-1)\frac{(-x)^n}{n!} + \cdots$$

所以

$$\frac{F(a,b;b;-x)-1}{a} = -x + (a+1)\frac{x^2}{2!} - (a+1)(a+2)\frac{x^3}{3!}$$

$$+ (a+1)(a+2)(a+3)\frac{x^4}{4!} + \cdots$$

当$a\to 0$时

$$\lim_{a\to 0}\frac{F(a,b;b;-x)-1}{a} = -x + \frac{x^2}{2} - 2!\frac{x^3}{3!} + 3!\frac{x^4}{4!} - 4!\frac{x^5}{5!} + \cdots$$

$$= -\left(x - \frac{x^2}{2} + \frac{x^3}{3} - \frac{x^4}{4} + \frac{x^5}{5} - \cdots\right)$$

$$= -\ln(1+x)$$

例 6.4 证明 $F\left(\dfrac{1}{2},1;1;\sin^2 x\right) = \sec x$.

证明

$$F\left(\frac{1}{2},1;1;\sin^2 x\right) = \sum_{n=0}^{\infty}\frac{\left(\frac{1}{2}\right)_n(1)_n}{(1)_n}\frac{(\sin^2 x)^n}{n!} = \sum_{n=0}^{\infty}\left(\frac{1}{2}\right)_n\frac{(\sin^2 x)^n}{n!}$$

把右边的级数展开,得

$$
\begin{aligned}
&F\left(\frac{1}{2},1;1;\sin^2 x\right)\\
&= 1+\frac{1}{2}\frac{\sin^2 x}{1!}+\frac{1}{2}\left(\frac{1}{2}+1\right)\frac{(\sin^2 x)^2}{2!}\\
&\quad+\frac{1}{2}\left(\frac{1}{2}+1\right)\left(\frac{1}{2}+2\right)\frac{(\sin^2 x)^3}{3!}+\cdots\\
&\quad+\frac{1}{2}\left(\frac{1}{2}+1\right)\left(\frac{1}{2}+2\right)\cdots\left(\frac{1}{2}+n-1\right)\frac{(\sin^2 x)^n}{n!}+\cdots\\
&= 1+\frac{1}{2}\sin^2 x+\frac{1\cdot 3}{2^2}\frac{\sin^4 x}{2!}+\frac{1\cdot 3\cdot 5}{2^3}\frac{\sin^6 x}{3!}\\
&\quad+\frac{1\cdot 3\cdot 5\cdot 7}{2^4}\frac{\sin^8 x}{4!}+\frac{1\cdot 3\cdot 5\cdot 7\cdot 9}{2^5}\frac{\sin^{10} x}{5!}+\cdots\\
&= 1+\frac{1}{2}\sin^2 x+\frac{3}{8}\sin^4 x+\frac{15}{48}\sin^6 x+\frac{105}{384}\sin^8 x+\frac{945}{3840}\sin^{10} x+\cdots
\end{aligned}
$$

在这里,我们要把$\sin^2 x,\sin^4 x,\sin^6 x,\sin^8 x,\cdots$展开成 x 的级数:

$$
\begin{aligned}
\sin x &= x-\frac{x^3}{6}+\frac{x^5}{120}-\frac{x^7}{5040}+\frac{x^9}{362880}-\cdots\\
\sin^2 x &= x^2-\frac{x^4}{3}+\frac{2x^6}{45}-\frac{x^8}{315}+\frac{2x^{10}}{14175}-\cdots\\
\sin^4 x &= x^4-\frac{2x^6}{3}+\frac{x^8}{5}-\frac{34x^{10}}{945}+\frac{62x^{12}}{14175}-\cdots\\
\sin^6 x &= x^6-x^8+\frac{7x^{10}}{15}-\frac{128x^{12}}{945}+\cdots\\
\sin^8 x &= x^8-\frac{4x^{10}}{3}+\frac{38x^{12}}{45}-\cdots
\end{aligned}
$$

因此

$$F\left(\frac{1}{2},1;1;\sin^2 x\right)=1+\frac{1}{2}x^2+\frac{5}{24}x^4+\frac{61}{720}x^6+\frac{277}{8064}x^8+\cdots=\sec x$$

例 6.5　证明 $F\left(1,1;\frac{3}{2};\frac{1}{2}\right)=\frac{\pi}{2}$.

证明

$$F\left(1,1;\frac{3}{2};\frac{1}{2}\right)=\sum_{n=0}^{\infty}\frac{(1)_n\ (1)_n}{\left(\frac{3}{2}\right)_n}\frac{\left(\frac{1}{2}\right)^n}{n!}$$

$$=\sum_{n=0}^{\infty}\frac{n!n!}{\frac{(2n+1)!!}{2^n}}\frac{\frac{1}{2^n}}{n!}=\sum_{n=0}^{\infty}\frac{n!}{(2n+1)!!}$$

大家还记得第 4 章中的一个欧拉变换公式吗？它是

$$\frac{\pi}{4}=\frac{1}{2}\sum_{p=0}^{\infty}\frac{p!}{(2p+1)!!}$$

因此

$$F\left(1,1;\frac{3}{2};\frac{1}{2}\right)=\sum_{n=0}^{\infty}\frac{n!}{(2n+1)!!}=2\times\frac{\pi}{4}=\frac{\pi}{2}$$

例 6.6 计算超几何级数 $F\left(\frac{1}{2},\frac{1}{2};\frac{3}{2};\sin^2 x\right)$.

解 写出表达式

$$F\left(\frac{1}{2},\frac{1}{2};\frac{3}{2};\sin^2 x\right)=\sum_{n=0}^{\infty}\frac{\left(\frac{1}{2}\right)_n\left(\frac{1}{2}\right)_n}{\left(\frac{3}{2}\right)_n}\frac{(\sin^2 x)^n}{n!}$$

展开右边表达式,得

$$\sum_{n=0}^{\infty}\frac{\left(\frac{1}{2}\right)_n\left(\frac{1}{2}\right)_n}{\left(\frac{3}{2}\right)_n}\frac{(\sin^2 x)^n}{n!}$$

$$=1+\frac{\frac{1}{2}\cdot\frac{1}{2}}{\frac{3}{2}}\cdot\frac{\sin^2 x}{1!}+\frac{\frac{1}{2}\left(\frac{1}{2}+1\right)\cdot\frac{1}{2}\left(\frac{1}{2}+1\right)}{\frac{3}{2}\left(\frac{3}{2}+1\right)}\cdot\frac{(\sin^2 x)^2}{2!}$$

$$+\frac{\frac{1}{2}\left(\frac{1}{2}+1\right)\left(\frac{1}{2}+2\right)\cdot\frac{1}{2}\left(\frac{1}{2}+1\right)\left(\frac{1}{2}+2\right)}{\frac{3}{2}\left(\frac{3}{2}+1\right)\left(\frac{3}{2}+2\right)}\cdot\frac{(\sin^2 x)^3}{3!}+\cdots$$

$$=1+\frac{1}{6}\sin^2 x+\frac{3}{40}\sin^4 x+\frac{5}{112}\sin^6 x+\frac{35}{1152}\sin^8 x+\cdots$$

把$\sin^2 x,\sin^4 x,\sin^6 x,\sin^8 x,\cdots$展开成 x 的级数并代入上式,得

$$\begin{aligned}
&F\left(\frac{1}{2},\frac{1}{2};\frac{3}{2};\sin^2 x\right)\\
&= 1+\frac{1}{6}\sin^2 x+\frac{3}{40}\sin^4 x+\frac{5}{112}\sin^6 x+\frac{35}{1152}\sin^8 x+\cdots\\
&= 1+\frac{1}{6}\left(x^2-\frac{1}{3}x^4+\frac{2}{45}x^6-\frac{1}{315}x^8+\frac{2}{14175}x^{10}-\cdots\right)\\
&\quad+\frac{3}{40}\left(x^4-\frac{2}{3}x^6+\frac{1}{5}x^8-\frac{34}{945}x^{10}+\cdots\right)\\
&\quad+\frac{5}{112}\left(x^6-x^8+\frac{7}{15}x^{10}-\cdots\right)\\
&\quad+\frac{35}{1152}\left(x^8-\frac{4}{3}x^{10}+\cdots\right)+\cdots
\end{aligned}$$

我们取前 8 次方的项相加,得

$$\begin{aligned}
F\left(\frac{1}{2},\frac{1}{2};\frac{3}{2};\sin^2 x\right) &= 1+\frac{1}{6}x^2-\frac{1}{18}x^4+\frac{1}{135}x^6-\frac{1}{1890}x^8+\cdots\\
&\quad+\frac{3}{40}x^4-\frac{1}{20}x^6+\frac{3}{200}x^8-\cdots\\
&\quad+\frac{5}{112}x^6-\frac{5}{112}x^8+\cdots\\
&\quad+\frac{35}{1152}x^8-\cdots\\
&= 1+\frac{1}{6}x^2+\frac{7}{360}x^4+\frac{31}{15120}x^6+\frac{127}{604800}x^8+\cdots
\end{aligned}$$

把这个级数与余割级数比较一下:

$$\csc x = \frac{1}{x}+\frac{1}{6}x+\frac{7}{360}x^3+\frac{31}{15120}x^5+\frac{127}{604800}x^7+\cdots$$

把余割函数的展开式乘上 x,就得到

$$x\csc x = 1+\frac{1}{6}x^2+\frac{7}{360}x^4+\frac{31}{15120}x^6+\frac{127}{604800}x^8+\cdots$$

因此

$$F\left(\frac{1}{2},\frac{1}{2};\frac{3}{2};\sin^2 x\right) = x\csc x$$

有了这几道例题,读者已能了解超几何级数的计算方法了.超几何级数

(或超几何函数),是特殊函数的一种.

6.2 斐波那契数列

我们讲的无穷级数,实际上就是求已知无穷数列之和.数学中有许多无穷数列,但最有名的要算斐波那契数列了.它是无穷数列,但不能求和,因为它的和为无穷大,是发散级数.因为数列中任何一项与它的前一项之比都大于1,即$\frac{u_{n+1}}{u_n}>1$.然而作为数列,斐波那契数列却蜚声数学界几个世纪,是数学中的一颗明珠!所以我们在此略加介绍,以飨读者.

斐波那契数列是13世纪由意大利数学家莱昂纳多·斐波那契(Leonardo Fibonacci)建立的.斐波那契数列为

$$1,\ 1,\ 2,\ 3,\ 5,\ 8,\ 13,\ 21,\ 34,\ 55,\ 89,\ 144,\ 233,\ 377,\ 610,\ 987,\ 1597,\ 2584,\ 4181,\ 6765,\ \cdots \tag{6.5}$$

从第三项开始,该数列的任何一项,是它的前两项之和.例如其中的55就是它前面的21与34相加之和.数列中的每一个数叫作斐波那契数.

如果我们用符号表示,各项依次为

$$u_1,\quad u_2,\quad u_3,\quad \cdots,\quad u_{n-1},\quad u_n,\quad u_{n+1},\quad \cdots \tag{6.6}$$

邻近项之间有关系式

$$u_{n+1} = u_n + u_{n-1} \tag{6.7}$$

并定义

$$u_1 = 1,\quad u_2 = 1 \tag{6.8}$$

因而依次有

$$u_3 = 2,\quad u_4 = 3,\quad u_5 = 5,\quad \cdots \tag{6.9}$$

斐波那契数列的通项公式:设u_n是斐波那契数列的第n项,则

$$u_n = \frac{1}{\sqrt{5}}\left[\left(\frac{1+\sqrt{5}}{2}\right)^n - \left(\frac{1-\sqrt{5}}{2}\right)^n\right] \tag{6.10}$$

这个公式叫作**比内公式**,是由法国数学家比内给出的.这个公式的左边

是正整数,而右边却用无理数表示,多么奇妙而又完美的结合!

这个公式可用数学归纳法证明.

当 $n=1$ 时

$$u_1=\frac{1}{\sqrt{5}}\left[\left(\frac{1+\sqrt{5}}{2}\right)^1-\left(\frac{1-\sqrt{5}}{2}\right)^1\right]=1$$

当 $n=2$ 时

$$u_2=\frac{1}{\sqrt{5}}\left[\left(\frac{1+\sqrt{5}}{2}\right)^2-\left(\frac{1-\sqrt{5}}{2}\right)^2\right]=\frac{1}{\sqrt{5}}\frac{4\sqrt{5}}{4}=1$$

当 $n=5$ 时

$$\begin{aligned}u_5&=\frac{1}{\sqrt{5}}\left[\left(\frac{1+\sqrt{5}}{2}\right)^5-\left(\frac{1-\sqrt{5}}{2}\right)^5\right]\\&=\frac{1}{\sqrt{5}}\left(\frac{176+80\sqrt{5}}{32}-\frac{176-80\sqrt{5}}{32}\right)\\&=\frac{1}{\sqrt{5}}\frac{160\sqrt{5}}{32}=5\end{aligned}$$

当 $n=k+1$ 时,有

$$\begin{aligned}u_{k+1}&=u_k+u_{k-1}\\&=\frac{1}{\sqrt{5}}\left[\left(\frac{1+\sqrt{5}}{2}\right)^k-\left(\frac{1-\sqrt{5}}{2}\right)^k\right]+\frac{1}{\sqrt{5}}\left[\left(\frac{1+\sqrt{5}}{2}\right)^{k-1}-\left(\frac{1-\sqrt{5}}{2}\right)^{k-1}\right]\\&=\frac{1}{\sqrt{5}}\left[\left(\frac{1+\sqrt{5}}{2}\right)^k+\left(\frac{1+\sqrt{5}}{2}\right)^{k-1}-\left(\frac{1-\sqrt{5}}{2}\right)^k-\left(\frac{1-\sqrt{5}}{2}\right)^{k-1}\right]\\&=\frac{1}{\sqrt{5}}\left[\left(\frac{1+\sqrt{5}}{2}+1\right)\left(\frac{1+\sqrt{5}}{2}\right)^{k-1}-\left(\frac{1-\sqrt{5}}{2}+1\right)\left(\frac{1-\sqrt{5}}{2}\right)^{k-1}\right]\\&=\frac{1}{\sqrt{5}}\left[\left(\frac{1+\sqrt{5}}{2}\right)^2\left(\frac{1+\sqrt{5}}{2}\right)^{k-1}-\left(\frac{1-\sqrt{5}}{2}\right)^2\left(\frac{1-\sqrt{5}}{2}\right)^{k-1}\right]\\&=\frac{1}{\sqrt{5}}\left[\left(\frac{1+\sqrt{5}}{2}\right)^{k+1}-\left(\frac{1-\sqrt{5}}{2}\right)^{k+1}\right]\end{aligned}$$

因此,(6.10)式成立.

斐波那契数列涉及的数学关系式:

$$u_{n+1}\cdot u_{n-1}-u_n^2=(-1)^n\quad(n\geqslant 2)\tag{6.11}$$

$$u_{m+n} = u_m \cdot u_{n-1} + u_{m+1} \cdot u_n \tag{6.12}$$

$$u_n^2 + u_{n+1}^2 = u_{2n+1} \tag{6.13}$$

$$u_{n+1}^2 - u_{n-1}^2 = u_{2n} \tag{6.14}$$

斐波那契数列与黄金分割数的关系：

黄金分割数 φ 是方程

$$\frac{1}{\varphi} = \frac{\varphi}{1-\varphi} \tag{6.15}$$

的正根，它的值为

$$\varphi = \frac{\sqrt{5}-1}{2} = 0.6180339887\cdots \tag{6.16}$$

一般用 0.618 就够了.

黄金分割具有美学价值，它在绘画和建筑上都有非凡的作用. 因此 φ 被称作黄金分割数或黄金数. 最早使用黄金分割这一名称的是德国数学家欧姆(M. Ohm).

斐波那契数列的相邻两项之比的极限为

$$\lim_{n\to\infty} \frac{u_n}{u_{n+1}} \approx 0.618\cdots$$

恰好等于黄金分割数.

我们来看看斐波那契数列的前 20 项的相邻项的比值：

$$\frac{u_1}{u_2} = \frac{1}{1} = 1.00 \qquad \frac{u_2}{u_3} = \frac{1}{2} = 0.50$$

$$\frac{u_3}{u_4} = \frac{2}{3} = 0.666 \qquad \frac{u_4}{u_5} = \frac{3}{5} = 0.60$$

$$\frac{u_5}{u_6} = \frac{5}{8} = 0.625 \qquad \frac{u_6}{u_7} = \frac{8}{13} = 0.6153846154$$

$$\frac{u_7}{u_8} = \frac{13}{21} = 0.619647619 \qquad \frac{u_8}{u_9} = \frac{21}{34} = 0.6176476588$$

$$\frac{u_9}{u_{10}} = \frac{34}{55} = 0.6181818182 \qquad \frac{u_{10}}{u_{11}} = \frac{55}{89} = 0.6179775281$$

$$\frac{u_{11}}{u_{12}} = \frac{89}{144} = 0.6180555556 \qquad \frac{u_{12}}{u_{13}} = \frac{144}{233} = 0.6180257511$$

$$\frac{u_{13}}{u_{14}} = \frac{233}{377} = 0.6180371353 \qquad \frac{u_{14}}{u_{15}} = \frac{377}{610} = 0.6180327869$$

$$\frac{u_{15}}{u_{16}} = \frac{610}{987} = 0.6180344478 \qquad \frac{u_{16}}{u_{17}} = \frac{987}{1597} = 0.6180338134$$

$$\frac{u_{17}}{u_{18}} = \frac{1597}{2584} = 0.6180340557 \qquad \frac{u_{18}}{u_{19}} = \frac{2584}{4181} = 0.6180339632$$

$$\frac{u_{19}}{u_{20}} = \frac{4181}{6765} = 0.6180339985$$

从第11项以后的相邻两项之比，就已经越来越接近黄金分割数了.

斐波那契数列的相邻两项之比可用连分数表示出来：

$$\frac{u_{n+1}}{u_n} = \frac{u_n + u_{n-1}}{u_n} = 1 + \frac{u_{n-1}}{u_n} = 1 + \cfrac{1}{\cfrac{u_n}{u_{n-1}}} = 1 + \cfrac{1}{\cfrac{u_{n-1} + u_{n-2}}{u_{n-1}}}$$

$$= 1 + \cfrac{1}{1 + \cfrac{u_{n-2}}{u_{n-1}}} = 1 + \cfrac{1}{1 + \cfrac{1}{\cfrac{u_{n-1}}{u_{n-2}}\cdots}} \tag{6.17}$$

我们从前面的两邻项之比的数值可看出，当 n 比较大时，u_{n+1} 与 u_n 的比值和 u_n 与 u_{n-1} 的比值非常接近.若令 $\frac{u_{n+1}}{u_n} = x$，那么可以认为 $\frac{u_n}{u_{n-1}}$ 也等于 x，因此从上面的连分数式中可导出方程

$$x = 1 + \frac{1}{x}$$

也即方程

$$x^2 - x - 1 = 0$$

解方程，得

$$x = \frac{1 \pm \sqrt{1+4}}{2} = \frac{1+\sqrt{5}}{2} \quad (\text{取正根})$$

因此，两邻项之比为

$$\frac{u_n}{u_{n+1}} = \frac{1}{x} = \frac{2}{1+\sqrt{5}} = \frac{2(\sqrt{5}-1)}{(\sqrt{5}+1)(\sqrt{5}-1)} = \frac{\sqrt{5}-1}{2}$$

这就证明了

$$\lim_{n\to\infty}\frac{u_n}{u_{n+1}}=\frac{\sqrt{5}-1}{2}=0.618\cdots$$

即相邻两项之比的极限为黄金分割数.

我们用另外一种方法来证明方程(6.10).

斐波那契数列的邻项之间的关系是

$$u_n = u_{n-1}+u_{n-2}$$

或

$$u_{n-2}+u_{n-1}=u_n \tag{6.18}$$

我们来寻找方程(6.18)的解,只要找到某两个不成比例的解就可以了.

我们来看一个几何级数列:

$$1,\quad q,\quad q^2,\quad q^3,\quad \cdots,\quad q^n,\quad \cdots$$

按照方程(6.18),我们令

$$q^{n-2}+q^{n-1}=q^n \tag{6.19}$$

把(6.19)式除以 q^{n-2},则

$$1+q=q^2$$

或

$$q^2-q-1=0 \tag{6.20}$$

解方程(6.20),得到两个根:

$$q=\frac{1\pm\sqrt{5}}{2}$$

令

$$q_1=\frac{1+\sqrt{5}}{2},\quad q_2=\frac{1-\sqrt{5}}{2} \tag{6.21}$$

设 c_1,c_2为两个任意常数,那么

$$c_1q_1+c_2q_2$$

也应该是方程(6.20)的解,因此,可以造一个数列

$$c_1+c_2,\quad c_1q_1+c_2q_2,\quad c_1q_1^2+c_2q_2^2,\quad c_1q_1^3+c_2q_2^3,\quad \cdots,$$
$$c_1q_1^{n-1}+c_2q_2^{n-1},\quad \cdots \tag{6.22}$$

若数列(6.22)是斐波那契数列,那么该数列的第一、二项应该满足方程

$$\begin{cases} c_1 + c_2 = u_1 = 1 \\ c_1 q_1 + c_2 q_2 = c_1 \dfrac{1+\sqrt{5}}{2} + c_2 \dfrac{1-\sqrt{5}}{2} \end{cases} \tag{6.23}$$

解方程组(6.23),得到

$$c_1 = \frac{1+\sqrt{5}}{2\sqrt{5}},\quad c_2 = -\frac{1-\sqrt{5}}{2\sqrt{5}}$$

由此得到

$$\begin{aligned} u_n &= c_1 q_1^{n-1} + c_2 q_2^{n-1} \\ &= \frac{1+\sqrt{5}}{2\sqrt{5}}\left(\frac{1+\sqrt{5}}{2}\right)^{n-1} - \frac{1-\sqrt{5}}{2\sqrt{5}}\left(\frac{1-\sqrt{5}}{2}\right)^{n-1} \\ &= \frac{1}{\sqrt{5}}\left[\left(\frac{1+\sqrt{5}}{2}\right)^{n} - \left(\frac{1-\sqrt{5}}{2}\right)^{n}\right] \end{aligned}$$

这就是用另一种方法得到的斐波那契数列的通用表达式——比内公式.

斐波那契数在生物界显现出许多神奇的色彩,如植物的花瓣的数目,最常见的是5枚,如桃花、李花、杏花、樱花、苹果花、梨花等;3枚的有百合花、鸢尾花;8枚的有飞燕草;13枚的有瓜叶菊.为什么这些花瓣的数目都是斐波那契数?这是一种很奇妙的现象!是否斐波那契数含有生物的密码?

科学家还发现,一些植物的花瓣、萼片、果实的数目,以及排列的方式都有一个神奇的规律,如菊花、向日葵、松果、菠萝等都呈现两个不同方向的螺旋方式排列.你若仔细观察向日葵的花盘与果盘,会发现两组螺旋线,一组顺时针方向,一组逆时针方向,并且彼此相嵌.虽然不同品种的向日葵的果实,顺时针和逆时针方向的螺旋线的数目不同,但都不会超出34和55,55和89,及89和144这三组数字.它们都是斐波那契数列中相邻的两个数,前一个数是顺时针盘绕的线数,后一个数是逆时针盘绕的线数,两者的比值都接近黄金数.常见的落叶松松果的鳞片,在两个方向上各排列3行和5行.菠萝表面的菱形鳞片,一行行排列起来,也有两组螺线,大多数菠萝表面分别有8条向左,13条向右的螺线.

斐波那契数列中,两个相邻数之比,随数值增大而越来越接近黄金数0.618….数学上还有一个称为黄金角的数值是137.5度.它是圆的黄金分割张角,更精确一点的数值是 137.50776 度(137.50776/222.49224=0.618…).与黄金数一样,同样受到植物的青睐.

1979年,英国科学家沃格尔用大小相同的许多圆点代表向日葵花盘中的种子,根据斐波那契数列的规则,尽可能紧密地将这些圆点挤压在一起.他用计算机模拟向日葵的结果显示,若发散角小于137.5度,那么花盘上就会出现间隙,且只能看到一组螺旋线;若发散角大于137.5度,花盘上也会出现间隙,而此时会看到另一组螺旋线;只有当发散角等于黄金角时,花盘上才呈现彼此紧密嵌合的两组螺旋线.所以向日葵等植物在生长过程中,只有选择这种数学模式,花盘上种子的分布才最有效,花盘也变得坚固壮实,产生后代的概率也最高.如此布局的原因是它能使植物的生长疏密得当,能更充分地利用阳光和空气.所以很多植物在亿万年进化的过程中变成如今的模样.

车前草是我国西安地区常见的一种小草,它那轮生的叶片间的夹角正好是137.5度.按照这个角度排列的叶片,能很好地镶嵌而又互不重叠.这是植物采光面积最大的排列方式,每片叶子都可以最大限度地获得阳光,从而有效地提高植物光合作用的效率.建筑师们参照车前草叶片排列的数学模型,设计出新颖的螺旋式高楼,达到最佳的采光效果,使得高楼的每个房间都很明亮.

斐波那契数列的来历

斐波那契在1228年所著的《算盘书》中有这样一个问题:"一对家兔一年能繁殖出多少对兔子?"文中写道:某人把一对家兔放在某处,四周用墙围了起来,看看一年后会有多少对兔子.假设兔子的繁殖能力是这样的:每对成熟的兔子每个月可以生一对小兔子,而小兔子出生两个月后才有生殖能力.因此,在第一个月和第二个月里,只有一对兔子,它们尚未成熟,不能生小兔子.所以在头两个月里,只有一对兔子.到了第三个月,这一对兔子生了一对小兔子,因此第三个月有两对兔子.第四个月这两对兔子中只有一对兔子能生小兔子,所以第四个月有三对兔子.第五个月三对兔子中有两对能生小兔子,所以第五个月有五对兔子.第六个月有三对兔子能生小兔子,因此第六个月有八对兔子,这样继续下去,到第十四个月,兔子总数达到三百七十七对.从第三个月开始,到第十四个月,正好一年时间,一对兔子增加到三百七十七对.把每个月的兔子对的数目依次排列起来形成的数列,正是斐波那契数列!

兔子从第三个月开始生殖到第十四个月,正好是一年时间,从一对兔子变成三百七十七对.这里已假定兔子是成对出生的,并且是一雌一雄成对的.

斐波那契数列是一个有生命的数列!前面我们提到植物中的各种花瓣的数目,对应着相应的斐波那契数,显露出斐波那契数与生物界的关系,值得大家学习和研究.

附录　常用初等函数的定义及性质

A.1　幂函数和代数函数

A.1.1　幂函数

形如 $y=x^{\mu}$ 的函数称为幂函数,式中,μ 为任何实常数.幂函数的定义域随不同的 μ 而异,但无论 μ 为何值,在$(0,+\infty)$内幂函数总是有定义的.

A.1.2　代数函数

代数函数包括有理函数(多项式和多项式之商)和无理函数(有理函数的根式)两类,代数函数是解析函数.

A.2　指数函数和对数函数

A.2.1　指数函数

定义 $y=e^x$ 为指数函数，其中，e 为自然对数的底，x 为指数，通常是实数. 指数函数满足加法定理

$$e^{x_1+x_2}=e^{x_1}\cdot e^{x_2}$$

当指数为复数 $z=x+iy$ 时，则称 $e^z=e^x(\cos y+i\sin y)$是复数 z 的指数函数，加法定理 $e^{z_1+z_2}=e^{z_1}\cdot e^{z_2}$ 依然成立. 由于 $e^{2\pi i}=1$，因此 e^z 是以 $2\pi i$ 为周期的周期函数.

A.2.2　对数函数

1. 定义

指数函数的反函数称为对数函数. 设 $z=e^w$，则 $w=\mathrm{Ln}\,z$ 为对数函数. 因此有

$$\begin{aligned}\mathrm{Ln}\,z&=\ln|z|+i\,\mathrm{Arg}\,z\\&=\ln|z|+i(\arg z+2k\pi)\quad(k=0,\pm1,\pm2,\cdots)\end{aligned}$$

$\mathrm{Ln}\,z$ 是一个无穷多值函数，其中

$$\ln z=\ln|z|+i\arg z\quad(-\pi<\arg z\leqslant\pi)$$

称为对数函数 $\mathrm{Ln}\,z$ 的主值，$\ln z$ 是单值函数，所以

$$\mathrm{Ln}\,z=\ln z+2k\pi i$$

2．性质

$$\mathrm{Ln}(z_1 z_2) = \mathrm{Ln}\, z_1 + \mathrm{Ln}\, z_2$$

$$\ln(z_1 z_2) = \ln z_1 + \ln z_2 \quad (-\pi < \arg z_1 + \arg z_2 \leqslant \pi)$$

$$\mathrm{Ln}\frac{z_1}{z_2} = \mathrm{Ln}\, z_1 - \mathrm{Ln}\, z_2$$

$$\ln\frac{z_1}{z_2} = \ln z_1 - \ln z_2 \quad (-\pi < \arg z_1 - \arg z_2 \leqslant \pi)$$

3．特殊值

$$\ln 0 = -\infty,\quad \ln 1 = 0,\quad \ln \mathrm{e} = 1,\quad \ln(-1) = \mathrm{i}\pi,\quad \ln(\pm \mathrm{i}) = \pm\frac{\mathrm{i}\pi}{2}$$

A.2.3 常用对数函数和指数函数

1．常用对数

以 10 为底的对数称为常用对数，记作

$$x = \lg y = \log_{10} y$$

相应的指数函数为

$$y = 10^x$$

x 为指数，y 为真数．

2．常用对数与自然对数的关系

$$\lg y = M \ln y$$

其中 $M = 0.434294481903$ 被称作转换模数．

A.3　三角函数和反三角函数

A.3.1　三角函数

1. 三角函数的定义

三角函数又称圆函数.设任意角 α 的顶点为原点,始边位于 x 轴的正半轴,终边上任一点 P 的坐标是(x, y),P 离原点的距离为 $r = \sqrt{x^2 + y^2}$(附图 1),则任意角 α 的三角函数为:

正弦函数:$\sin \alpha = \dfrac{y}{r}$;

余弦函数:$\cos \alpha = \dfrac{x}{r}$;

正切函数:$\tan \alpha = \dfrac{\sin \alpha}{\cos \alpha} = \dfrac{y}{x}$;

余切函数:$\cot \alpha = \dfrac{\cos \alpha}{\sin \alpha} = \dfrac{x}{y}$;

正割函数:$\sec \alpha = \dfrac{1}{\cos \alpha} = \dfrac{r}{x}$;

余割函数:$\csc \alpha = \dfrac{1}{\sin \alpha} = \dfrac{r}{y}$.

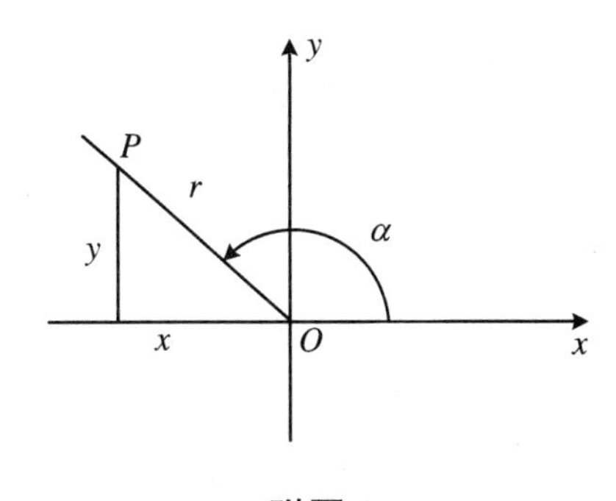

附图 1

2. 三角函数之间的关系

$\sin \alpha \cdot \csc \alpha = 1$;

$\cos \alpha \cdot \sec \alpha = 1$;

$\tan \alpha \cdot \cot \alpha = 1$;

$\sin^2 \alpha + \cos^2 \alpha = 1$;

$\sec^2 \alpha - \tan^2 \alpha = 1$;

$\csc^2\alpha-\cot^2\alpha=1.$

3. 和差公式

$\sin(\alpha\pm\beta)=\sin\alpha\cos\beta\pm\cos\alpha\sin\beta$;

$\cos(\alpha\pm\beta)=\cos\alpha\cos\beta\mp\sin\alpha\sin\beta$;

$\tan(\alpha\pm\beta)=\dfrac{\tan\alpha\pm\tan\beta}{1\mp\tan\alpha\cdot\tan\beta}$;

$\cot(\alpha\pm\beta)=\dfrac{\cot\alpha\cdot\cot\beta\mp1}{\cot\alpha\pm\cot\beta}.$

4. 倍角公式

$\sin 2\alpha=2\sin\alpha\cos\alpha=\dfrac{2\tan\alpha}{1+\tan^2\alpha}$;

$\cos 2\alpha=\cos^2\alpha-\sin^2\alpha=2\cos^2\alpha-1=1-2\sin^2\alpha=\dfrac{1-\tan^2\alpha}{1+\tan^2\alpha}$;

$\tan 2\alpha=\dfrac{2\tan\alpha}{1-\tan^2\alpha}$;

$\cot 2\alpha=\dfrac{\cot^2\alpha-1}{2\cot\alpha}$;

$\sec 2\alpha=\dfrac{\sec^2\alpha}{1-\tan^2\alpha}=\dfrac{\cot\alpha+\tan\alpha}{\cot\alpha-\tan\alpha}$;

$\csc 2\alpha=\dfrac{1}{2}\sec\alpha\cdot\csc\alpha=\dfrac{1}{2}(\tan\alpha+\cot\alpha)$;

$\sin 3\alpha=-4\sin^3\alpha+3\sin\alpha$;

$\cos 3\alpha=4\cos^3\alpha-3\cos\alpha$;

$\tan 3\alpha=\dfrac{3\tan\alpha-\tan^3\alpha}{1-3\tan^2\alpha}$;

$\cot 3\alpha=\dfrac{\cot^3\alpha-3\cot\alpha}{3\cot^2\alpha-1}$;

$\sin n\alpha=n\cos^{n-1}\alpha\cdot\sin\alpha-C_n^3\cos^{n-3}\alpha\cdot\sin^3\alpha+C_n^5\cos^{n-5}\alpha\cdot\sin^5\alpha-\cdots$($n$ 为正整数);

$\cos n\alpha=\cos^n\alpha-C_n^2\cos^{n-2}\alpha\cdot\sin^2\alpha+C_n^4\cos^{n-4}\alpha\cdot\sin^4\alpha-C_n^6\cos^{n-6}\alpha\cdot\sin^6\alpha+\cdots$($n$ 为正整数),其中 $C_n^k=\begin{pmatrix}n\\k\end{pmatrix}=\dfrac{n!}{k!\,(n-k)!}$为

二项式系数.

5. 半角公式

$$\sin\frac{\alpha}{2}=\pm\sqrt{\frac{1-\cos\alpha}{2}};$$

$$\cos\frac{\alpha}{2}=\pm\sqrt{\frac{1+\cos\alpha}{2}};$$

$$\tan\frac{\alpha}{2}=\pm\sqrt{\frac{1-\cos\alpha}{1+\cos\alpha}}=\frac{1-\cos\alpha}{\sin\alpha}=\frac{\sin\alpha}{1+\cos\alpha};$$

$$\cot\frac{\alpha}{2}=\pm\sqrt{\frac{1+\cos\alpha}{1-\cos\alpha}}=\frac{1+\cos\alpha}{\sin\alpha}=\frac{\sin\alpha}{1-\cos\alpha};$$

$$\sec\frac{\alpha}{2}=\pm\sqrt{\frac{2\sec\alpha}{\sec\alpha+1}};$$

$$\csc\frac{\alpha}{2}=\pm\sqrt{\frac{2\sec\alpha}{\sec\alpha-1}}.$$

6. 和差化积公式

$$\sin\alpha+\sin\beta=2\sin\frac{\alpha+\beta}{2}\cos\frac{\alpha-\beta}{2};$$

$$\sin\alpha-\sin\beta=2\cos\frac{\alpha+\beta}{2}\sin\frac{\alpha-\beta}{2};$$

$$\cos\alpha+\cos\beta=2\cos\frac{\alpha+\beta}{2}\cos\frac{\alpha-\beta}{2};$$

$$\cos\alpha-\cos\beta=-2\sin\frac{\alpha+\beta}{2}\sin\frac{\alpha-\beta}{2};$$

$$\tan\alpha\pm\tan\beta=\frac{\sin(\alpha\pm\beta)}{\cos\alpha\cos\beta};$$

$$\cot\alpha\pm\cot\beta=\pm\frac{\sin(\alpha\pm\beta)}{\sin\alpha\sin\beta};$$

$$\tan\alpha\pm\cot\beta=\pm\frac{\cos(\alpha\mp\beta)}{\cos\alpha\sin\beta}.$$

7. 积化和差公式

$$\sin\alpha\sin\beta=-\frac{1}{2}[\cos(\alpha+\beta)-\cos(\alpha-\beta)];$$

$$\cos\alpha\cos\beta=\frac{1}{2}[\cos(\alpha+\beta)+\cos(\alpha-\beta)];$$

$$\sin\alpha\cos\beta=\frac{1}{2}[\sin(\alpha+\beta)+\sin(\alpha-\beta)].$$

8. 棣莫弗(de Moivre)公式

$$(\cos\alpha+\mathrm{i}\sin\alpha)^n=\cos n\alpha+\mathrm{i}\sin n\alpha.$$

9. 欧拉(Euler)公式

$$\mathrm{e}^{\mathrm{i}\theta}=\cos\theta+\mathrm{i}\sin\theta,\mathrm{e}^{-\mathrm{i}\theta}=\cos\theta-\mathrm{i}\sin\theta.$$

A.3.2 反三角函数

1. 反三角函数的定义

反三角函数是三角函数的反函数,一般是多值函数.它们分别是反正弦、反余弦、反正切、反余切、反正割和反余割函数.若 $x=\sin y$,则 $y=\arcsin x$,我们把 $\arcsin x$ 叫作 x 的反正弦函数,其余的类推.通常把它们的主值限制在一定的范围,并分别记为:

反正弦函数:$y=\arcsin x$,主值范围为$\left[-\frac{\pi}{2},\frac{\pi}{2}\right]$;

反余弦函数:$y=\arccos x$,主值范围为$[0,\pi]$;

反正切函数:$y=\arctan x$,主值范围为$\left(-\frac{\pi}{2},\frac{\pi}{2}\right)$;

反余切函数:$y=\operatorname{arccot} x$,主值范围为$(0,\pi)$;

反正割函数:$y=\operatorname{arcsec} x$,主值范围为$\left[0,\frac{\pi}{2}\right)\cup\left(\frac{\pi}{2},\pi\right]$;

反余割函数:$y=\operatorname{arccsc} x$,主值范围为$\left[-\frac{\pi}{2},0\right)\cup\left(0,\frac{\pi}{2}\right]$.

2. 反三角函数满足的性质

$$\arcsin x+\arccos x=\frac{\pi}{2};$$

$$\arctan x+\operatorname{arccot} x=\frac{\pi}{2}.$$

3. 反三角函数之间的关系

$$\arcsin x=\operatorname{arccsc}\frac{1}{x}=\arccos\sqrt{1-x^2}=\arctan\frac{x}{\sqrt{1-x^2}}=\operatorname{arcsec}\frac{x}{\sqrt{1-x^2}};$$

$$\arccos x=\operatorname{arcsec}\frac{1}{x}=\arcsin\sqrt{1-x^2}=\arctan\frac{\sqrt{1-x^2}}{x}=\operatorname{arccsc}\frac{1}{\sqrt{1-x^2}};$$

$$\arctan x=\operatorname{arccot}\frac{1}{x}=\arcsin\frac{x}{\sqrt{1+x^2}}=\arccos\frac{1}{\sqrt{1+x^2}}=\operatorname{arcsec}\sqrt{1+x^2};$$

$$\operatorname{arccot} x=\arctan\frac{1}{x}=\arcsin\frac{1}{\sqrt{1+x^2}}=\arccos\frac{x}{\sqrt{1+x^2}}=\operatorname{arccsc}\sqrt{1+x^2};$$

$$\operatorname{arcsec} x=\arccos\frac{1}{x}=\arcsin\frac{\sqrt{x^2-1}}{x}=\arctan\sqrt{x^2-1}=\operatorname{arccsc}\frac{x}{\sqrt{x^2-1}};$$

$$\operatorname{arccsc} x=\arcsin\frac{1}{x}=\arccos\frac{\sqrt{x^2-1}}{x}=\arctan\frac{1}{\sqrt{x^2-1}}=\operatorname{arcsec}\frac{x}{\sqrt{x^2-1}}.$$

A.4　双曲函数和反双曲函数

A.4.1　双曲函数

1. 双曲函数的定义

双曲正弦函数：$\sinh x=\dfrac{e^x-e^{-x}}{2}$；

双曲余弦函数：$\cosh x=\dfrac{e^x+e^{-x}}{2}$；

双曲正切函数：$\tanh x=\dfrac{\sinh x}{\cosh x}=\dfrac{e^x-e^{-x}}{e^x+e^{-x}}$；

双曲余切函数：$\coth x=\dfrac{\cosh x}{\sinh x}=\dfrac{e^x+e^{-x}}{e^x-e^{-x}}$；

双曲正割函数：$\operatorname{sech} x=\dfrac{1}{\cosh x}=\dfrac{2}{e^{x}+e^{-x}}$；

双曲余割函数：$\operatorname{csch} x=\dfrac{1}{\sinh x}=\dfrac{2}{e^{x}-e^{-x}}$.

2. 双曲函数之间的关系

$\cosh^2 x-\sinh^2 x=1$；

$\tanh^2 x+\operatorname{sech}^2 x=1$；

$\coth^2 x-\operatorname{csch}^2 x=1$.

3. 和差的双曲函数

$\sinh(x\pm y)=\sinh x\cosh y\pm\cosh x\sinh y$；

$\cosh(x\pm y)=\cosh x\cosh y\pm\sinh x\sinh y$；

$\tanh(x\pm y)=\dfrac{\tanh x\pm\tanh y}{1\pm\tanh x\tanh y}$；

$\coth(x\pm y)=\dfrac{1\pm\coth x\coth y}{\coth x\pm\coth y}$.

4. 双曲函数的和差

$\sinh x\pm\sinh y=2\sinh\dfrac{x\pm y}{2}\cosh\dfrac{x\mp y}{2}$；

$\cosh x+\cosh y=2\cosh\dfrac{x+y}{2}\cosh\dfrac{x-y}{2}$；

$\cosh x-\cosh y=2\sinh\dfrac{x+y}{2}\sinh\dfrac{x-y}{2}$；

$\tanh x\pm\tanh y=\dfrac{\sinh(x\pm y)}{\cosh x\cosh y}$；

$\coth x\pm\coth y=\pm\dfrac{\sinh(x\pm y)}{\sinh x\sinh y}$.

5. 倍角公式

$\sinh 2x=2\sinh x\cosh x=\dfrac{2\tanh x}{1-\tanh^2 x}$；

$$\cosh 2x=\sinh^2 x+\cosh^2 x=1+2\sinh^2 x=2\cosh^2 x-1=\dfrac{1+\tanh^2 x}{1-\tanh^2 x};$$

$$\tanh 2x=\frac{2\tanh x}{1+\tanh^2 x};$$

$$\coth 2x=\frac{1+\coth^2 x}{2\coth x}.$$

6. 半角公式

$$\sinh\frac{x}{2}=\pm\sqrt{\frac{\cosh x-1}{2}}\ (x>0,\text{取正号};x<0,\text{取负号});$$

$$\cosh\frac{x}{2}=\sqrt{\frac{\cosh x+1}{2}};$$

$$\tanh\frac{x}{2}=\sqrt{\frac{\cosh x-1}{\cosh x+1}}=\frac{\sinh x}{\cosh x+1}=\frac{\cosh x-1}{\sinh x};$$

$$\coth\frac{x}{2}=\sqrt{\frac{\cosh x+1}{\cosh x-1}}=\frac{\sinh x}{\cosh x-1}=\frac{\cosh x+1}{\sinh x}.$$

7. 双曲函数的棣莫弗(de Moivre)公式

$(\cosh x\pm\sinh x)^n=\cosh nx\pm\sinh nx$（$n$ 为正整数）.

A.4.2　反双曲函数

1. 反双曲函数的定义

若 $x=\sinh y$，则 $y=\operatorname{arsinh} x$ 称为反双曲正弦函数，x 的定义域为$(-\infty,+\infty)$；

若 $x=\cosh y$，则 $y=\operatorname{arcosh} x$ 称为反双曲余弦函数，x 的定义域为$[1,+\infty)$；

若 $x=\tanh y$，则 $y=\operatorname{artanh} x$ 称为反双曲正切函数，x 的定义域为$(-1,1)$；

若 $x=\coth y$，则 $y=\operatorname{arcoth} x$ 称为反双曲余切函数，x 的定义域为$(-\infty,-1)\cup(1,+\infty)$；

若 $x=\operatorname{sech} y$，则 $y=\operatorname{arsech} x$ 称为反双曲正割函数，x 的定义域为$(0,1]$；

若 $x=\operatorname{csch} y$,则 $y=\operatorname{arcsch} x$ 称为反双曲余割函数,x 的定义域为 $(-\infty,0)\cup(0,+\infty)$.

2. 基本公式

$\operatorname{arsinh} x \pm \operatorname{arsinh} y=\operatorname{arsinh}\left(x\sqrt{1+y^2}\pm y\sqrt{1+x^2}\right)$;

$\operatorname{arcosh} x \pm \operatorname{arcosh} y=\operatorname{arcosh}\left(xy\pm\sqrt{(x^2-1)(y^2-1)}\right)$;

$\operatorname{artanh} x \pm \operatorname{artanh} y=\operatorname{artanh}\dfrac{x\pm y}{1\pm xy}$.

3. 双曲函数与三角函数的关系

$\sinh z=-\mathrm{i}\sin \mathrm{i}z,\ \sin z=-\mathrm{i}\sinh \mathrm{i}z$;

$\cosh z=\cos \mathrm{i}z,\ \cos z=\cosh \mathrm{i}z$;

$\tanh z=-\mathrm{i}\tan \mathrm{i}z,\ \tan z=-\mathrm{i}\tanh \mathrm{i}z$;

$\coth z=\mathrm{i}\cot \mathrm{i}z,\ \cot z=\mathrm{i}\coth \mathrm{i}z$.

上述诸式中,$\mathrm{i}=\sqrt{-1}$.

参 考 文 献

[1] L. 欧拉. 无穷分析引论[M]. 上册. 张延伦,译. 哈尔滨:哈尔滨工业大学出版社,2019.

[2] Г. М. 菲赫金哥尔茨. 微积分学教程:第二卷[M]. 徐献瑜,冷生明,梁文骐,译. 北京:高等教育出版社,2009.

[3] Г. М. 菲赫金哥尔茨. 微积分学教程:第三卷[M]. 路见可,余家荣,吴京仁,译. 北京:高等教育出版社,2009.

[4] 华罗庚. 高等数学引论:第一册[M]. 北京:高等教育出版社,2009.

[5] 华罗庚. 高等数学引论:第二册[M]. 北京:高等教育出版社,2009.

[6] 龚昇,张声雷. 简明微积分[M]. 合肥:中国科学技术大学出版社,2005.

[7] 常庚哲,史济怀. 数学分析教程[M]. 合肥:中国科学技术大学出版社,2012.

[8] В. И. 斯米尔诺夫. 高等数学教程:第一卷[M]. 北京:高等教育出版社,1956.

[9] В. И. 斯米尔诺夫. 高等数学教程:第二卷[M]. 北京:高等教育出版社,1956.

[10] D. D. Bonar, M. J. Khoury. Real Infinite Series[M]. The Mathematical Association of America, 2006.

[11] G. H. 哈代,W. W. 洛戈辛斯基. 富里埃级数[M]. 徐瑞云,王斯雷,译. 上海:上海科学技术出版社,1978.

[12] 高建福.无穷级数与连分数[M].合肥:中国科学技术大学出版社,2005.

[13] 王竹溪.特殊函数概论[M].北京:北京大学出版社,2000.

[14] 瓦罗别耶夫.斐波那契数列[M].周春荔,译.哈尔滨:哈尔滨工业大学出版社,2010.